国家职业技能等级认定培训教程

国家基本职业培训包教材资源

美发师

（高级）

编审委员会

主　任　刘　康　张　斌

副主任　荣庆华　冯　政

委　员　葛恒双　赵　欢　王小兵　张灵芝　吕红文　张晓燕　贾成千
　　　　高　文　瞿伟洁

本书编审人员

主　编　董元明　刘金华

编　者　刘万军　刘祎霏　徐洪流　崔海丽　魏海峰　万正华

主　审　陈林声

审　稿　姜海平　李松明　曾大龙

中国人力资源和社会保障出版集团

中国劳动社会保障出版社　中国人事出版社

图书在版编目（CIP）数据

美发师：高级 / 中国就业培训技术指导中心组织编写．-- 北京：中国劳动社会保障出版社：中国人事出版社，2020

国家职业技能等级认定培训教程

ISBN 978-7-5167-4728-5

Ⅰ.①美… Ⅱ.①中… Ⅲ.①理发 – 职业技能 – 鉴定 – 教材 Ⅳ.①TS974.2

中国版本图书馆 CIP 数据核字（2020）第 227024 号

中国劳动社会保障出版社
中 国 人 事 出 版 社 **出版发行**

（北京市惠新东街 1 号 邮政编码：100029）

*

北京市艺辉印刷有限公司印刷装订 新华书店经销

787 毫米 ×1092 毫米 16 开本 13 印张 213 千字

2020 年 12 月第 1 版 2024 年 2 月第 2 次印刷

定价：50.00 元

营销中心电话：400-606-6496

出版社网址：http://www.class.com.cn

前　言

为加快建立劳动者终身职业技能培训制度，大力实施职业技能提升行动，全面推行职业技能等级制度，推进技能人才评价制度改革，促进国家基本职业培训包制度与职业技能等级认定制度的有效衔接，进一步规范培训管理，提高培训质量，中国就业培训技术指导中心组织有关专家在《美发师国家职业技能标准（2018 年版）》（以下简称《标准》）制定工作基础上，编写了美发师国家职业技能等级认定培训教程（以下简称等级教程）。

美发师等级教程紧贴《标准》要求编写，内容上突出职业能力优先的编写原则，结构上按照职业功能模块分级别编写。该等级教程共包括《美发师（基础知识）》《美发师（初级）》《美发师（中级）》《美发师（高级）》《美发师（技师　高级技师）》5 本。《美发师（基础知识）》是各级别美发师均需掌握的基础知识，其他各级别教程内容分别包括各级别美发师应掌握的理论知识和操作技能。

本书是美发师等级教程中的一本，是职业技能等级认定推荐教程，也是职业技能等级认定题库开发的重要依据，已纳入国家基本职业培训包教材资源，适用于职业技能等级认定培训和中短期职业技能培训。

本书在编写过程中得到上海市职业技能鉴定中心、上海美发美容行业协会、上海市第二轻工业学校、上海市商业学校、上海市市北职业高级中学、上海第二工业大学、上海永琪美容美发技能培训学校、上海文峰职业技能培训学校的大力支持与协助，在此一并表示衷心的感谢。

中国就业培训技术指导中心

目　录 CONTENTS

职业模块 1
发型设计

内容结构图

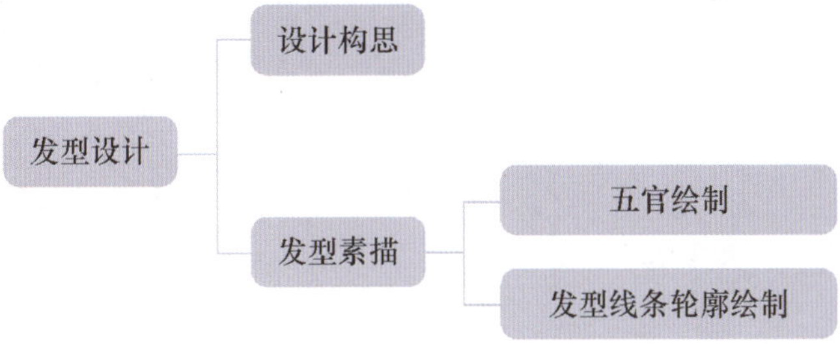

培训项目 1 设计构思

培训重点

了解发型设计的基本要求和程序。

了解现代发型设计方法。

能够进行发型设计构思。

知识要求

发型设计是以美学为基础的一门综合性的艺术。美发师应该对各种流行元素，如服装、线条、款式、色彩等有良好的审美素养，善于从时装、电影、音乐、美术等不同方面汲取设计灵感，在不同艺术作品中发掘创作灵感，并运用到发型设计中。发型设计是对美发师综合知识和技术的最大考验，美发师要具备剖析事物的审美能力、对艺术美感的敏锐触觉、发型专业设计的扎实理论、良好的沟通表达能力等。任何一个发型都不是孤立存在的，而是与头形、脸形、年龄、职业、个性、服饰等因素密切相关。设计时，必须全面考虑这些因素，将这些因素相互融合并以此作为发型设计的依据，这样才能设计出美观大方、新颖别致、符合个性、具有时代气息的发型。

一、发型设计的基本要求

1. 要充分了解顾客头发的发质和特性，根据头发自然生长规律，适度保留并展现头发的自然美。

2. 发型应简洁、自然、实用、美观大方，贴近人们的生活并具有时代气息。

3. 不同的顾客有不同的特点，在设计时要因人而异。要注意顾客的头形、头发生长情况以及脸形、发质、流行趋势等因素，所设计的发型应与顾客年龄、职业、性格、服饰等和谐统一。

4. 应与顾客进行充分的沟通与交流，提出自己的见解和设想，并结合顾客的个性、心理特征、个人喜好调整设计方案，不要把自己的审美观强加给顾客。

二、发型设计程序

1. 获取信息

观察顾客的外在条件，通过与顾客交流，了解顾客对发型的需求。

2. 设计构思

分析、总结、思考所获取的信息，结合自己的专业设计理念构思出发型设计方案。

3. 沟通交流

将自己所构思的发型设计方案与顾客进行交流，也可通过发型素描效果图的形式呈现。

4. 确定方案

根据沟通情况，修改发型设计方案并获得顾客确认。

三、发型设计构思

1. 对发长、流向和发尾的构思

要构思发长、流向和发尾，首先要知道什么是发长、流向和发尾，它们在发型中会产生什么样的效果，会出现什么形状以及对发型的轮廓变化有多大的影响等。

（1）发长。发长是指头发的长度，可分为长发、中发、短发和超短发四种形式。一般来说，留发较长，披散在两肩的是长发；留发在衣领上沿的是中长发；留在耳垂处的是短发；留在耳孔以上的是超短发。这四种形式的发长又可分为直发和卷发。直发在造型上比较简单，变化较少，基本上是保持头发自然生长状态。卷发在发型构思上比直发更加丰富，再加上发型的轮廓和层次的变化，卷发发型在设计和制作时有两个明显的特点：难度大、视觉效果好。

发长能直接影响发型效果，要根据顾客年龄、脸形、体形、职业、服装等综合确定。如果顾客体宽且矮小，短发会显得更有精神。中老年人一般以短发为宜，这样显得年轻灵活，也便于打理。中长发比较适合中青年人群，它可用来弥补脸形和头形的不足。长发更能显示女性的魅力，造型变化比较多。确定发长是发型设计的第一步，各种层次的修剪和烫、染、吹、梳理都以发长作为先决条件。

（2）流向。流向是指头发的纹理流动形态和方向。流向有三种形式：直发成型、卷发成型和自然成型。在美发工具中，梳子的主要用途是梳理头发，给头发确定流向。发型就是各种不同流向复合形成的造型。

（3）发尾。发尾是指头发的发梢部分。发尾形态控制着整个发型的动与静，发尾的重量和方向影响着发型的表现效果。处理发尾时，可用不同的剪削技术来控制、改变发型。从层次结构来讲，单一层次的结构能体现全部头发的重量，形成优雅的表面，发尾线呈直线；高层次结构能充分表现发尾的姿态，角度越大，层次幅度越大，发尾重叠就显得越丰富。在发型设计、制作的过程中，发尾和头发层次的合理配合可以使发型效果更为突出。

2. 对层次和发容量的构思

层次和发容量是建立发型轮廓的重要因素，两者关系密切。发容量随层次的高低和大小而变化。层次位置与发容量也有关系，层次的位置改变了，发容量也随之改变。

（1）层次。发型是由多种层次的变化构成。层次的高低是由头发提拉后与头皮之间所产生的角度来决定的。在修剪头发时有一条基本线，基本线的角度决定着层次的变化。根据这一原则，可以按照所设计的发型，改变各部分头发的角度，使头发产生不同的层次，表现出不同的发型轮廓。人的头形是圆的，剪发时要注意各部位的圆曲程度，以免对层次产生不利影响，同时使头发的角度更为准确，使层次符合设计的要求。层次角度与修剪方向有着密切的关系。当把一束头发挑起，与头皮成 90°角进行斜向左或右修剪时，就可以获得不同的层次角度：偏斜越大，层次角度就越大；偏斜越小，层次角度就越小。

（2）发容量。发容量是指整个头部发层的面积。出现几种层次的形式，就会出现几种发容量。剪断面越小，越能显示出发容量。单一层次结构的发容量集中在发尾，顶部平坦。低层次结构的发容量随提拉角度不同而变化，使各部位显示出不同的状态。低层次是显示发容量与发尾姿态的技法，可使发型有立体感，从而产生特定的效果。高层次与低层次相反，发容量较小。因此，在设计发型时，应按照层次和发容量之间的关系及其变化规律来确定发型的轮廓，再运用各种修剪技法，使发型达到所设计的效果。

四、现代发型设计方法

1. 传统（实用）设计方法

传统（实用）设计方法是一种感觉设计，主要是凭工作经验、自我感觉对顾客的头发进行设想和构思，结合美发师本身的操作经验和审美修养来进行设计。目前，大多数美发师仍使用这种方法进行设计。

由于发型设计的时间一般较短，顾客一进门，美发师就要善于观察分析顾客，了解和掌握顾客的各种条件，特别是发质条件，主动询问客人，以便沟通和掌握顾客的心理和要求，通过构思选择适合的发型来满足顾客的需求。在实践操作中，发型设计贯穿于每一道操作工序之中，以便即时弥补和矫正设计中的不足和失误。

2. 素描绘图设计方法

这种设计方法是通过素描绘画的方式表现发型设计效果。发型是三维立体的形象，除要有效果图外，还要有各工序、工艺的分解图。这就要求美发师具有一定的素描绘画基础，设计时要在一定的时间内描绘出所需要的发式造型图来，在实施操作时还要结合具体情况进行调整。

3. 计算机设计方法

事先将各种发型的图片或视频储存在计算机内，在需要设计发型时，美发师通过计算机程序依照图片或视频进行模仿或改良性制作。这种设计方法直观性强，操作简单，发型图片与视频资源比较丰富，但比较机械，计算机屏幕上呈现出来的发式造型通常只是平面的形象，展示效果有限，还需要在发型制作时结合具体情况对设计方案进行修改。如果需要通过互联网搜索发型图片或视频，还需要网络支持。

五、制约发型设计的因素

1. 顾客生理条件

顾客的生理条件是发型设计的首要制约因素，包括脸形、头形、颈、肩、身材、体态、性格、气质以及言谈举止等，这些生理条件每个人都不尽相同。

2. 顾客审美要求

顾客来自四面八方，受各自所处的环境、地区影响，其审美情趣、素质修养也不同，会对发型设计产生影响。

3. 环境、场合、氛围

发型设计要适应环境、场合、氛围。如果将休闲发型用作结婚典礼上的新娘妆发型，就会显得不隆重；而将正式宴会上的晚妆发型用于逛街、购物等日常生活，就会显得做作。

4. 美发师能力水平

随着文化生活的日益丰富，人们的审美要求也不断提高，美发师不能“故步自封”，要走向社会，放眼世界，不断学习，这样设计出的发型才能符合时代潮流，跟上生活节拍，满足顾客对美的需求。

5. 各类用品

（1）洗发、护发用品。在考虑洗发环节时，要根据不同发质来选择洗发用品，如果选择不当，将会影响发质，进而影响发型制作。如果在烫发和洗发工序中护发用品选择不当，则会影响烫发效果，甚至会对头发造成损伤。

（2）固发用品

1）固发胶。固发胶的使用目的是使发式定型并牢固，不易被风吹散、吹乱。如果过度使用（特别是一些劣质固发胶），不仅会使发式呆板、没有活力，甚至会损伤发质，使头发变脆，容易折断或变色。因此在发型设计中，需要使用固发胶时，要考虑顾客发质条件。

2）毛鳞片。毛鳞片能使头发柔软并富有光泽和弹性。在头发定型时适当涂些，可增加头发光亮度，使头发更柔顺，并减少发型制作过程中的人工痕迹。但如涂得过多，会使头发紧贴头皮，失去弧度和弹性。在发型设计时对毛鳞片的使用要加以考虑，对于头发本来就稀少的顾客，使用毛鳞片时更要注意。

（3）美发、饰发用品。在发型设计时，要考虑漂、染发剂和烫发卷杠的选择，并控制好温度与时间。饰发用品的使用也会影响发型设计制作效果，如适当地喷涂彩色喷胶可以对发式造型起烘托作用，但如果大量使用各种闪光的彩色喷胶，就会使发式造型显得杂乱。

培训项目 2 发型素描

培训单元 1 五 官 绘 制

培训重点

了解素描的基本要求。

了解人物脸形五官的定位要求。

熟悉绘制人物五官的基本要求。

能够用素描技术描绘人物五官。

知识要求

一、素描的基本要求

素描是指以单色的方法描绘对客观对象的感受，它是一切造型艺术的基础，对初学者而言，是最简便、最易于入门的表现方法。通过素描的训练，可以获得物体的表象感知，还可以获得它所包含的内在构造、空间转换、透视规律、明暗变化等方面的强烈感受。

发型素描是素描的一个组成部分。发型的设计过程也可以通过应用素描的造型手段来完成，因此发型素描具有重要的实用价值。发型素描能培养和锻炼美发师的观察能力和分析能力，提高个人的审美能力、艺术素养、创作水平和制作能力，使其技术和艺术完美地结合在一起。

在最初学习发型素描时，要掌握以下几个基本技能。

1. 线条控制能力

首先要注意握笔的方式，其次在运笔时体会手、腕、肘的运动对线条产生的作用，特别需要控制线条的轻重、速度和疏密变化，落笔要平稳、顺平、自然，让线条产生轻松、富有弹性的感觉。

2. 观察能力

提高对事物的观察能力，培养敏锐的视觉，能在较短的时间里捕捉到物体所提供的各种特征信息，如长、宽、高及整体形状等。

3. 分析能力

善于分析观察对象的构造特征，对观察对象的具体条件进行针对性分析，围绕观察对象“量体裁衣”。

4. 感悟能力

能根据一般物体形态变化发挥想象力，在想象中感悟物体形态变化的规律。

5. 表现能力

熟练地运用表现技法，将眼、脑、手有机统一，把所知所感的事物生动表达出来。

二、人物脸形五官的定位要求

人的头部由脑颅和面颅组成，脑颅形状接近于卵圆形，面颅有五官附着。在五官定位上要求五官比例按“三庭五眼”的标准来确定。

三、注意事项

1. 在绘制前应该先选择好铅笔型号。
2. 要充分计算并掌握好等分的距离。
3. 横竖线条要画直。

技能要求

眼睛、鼻子、嘴巴、耳朵的描绘

操作准备

准备绘画铅笔、橡皮、铅画纸、画板。

操作步骤

1. 眼睛的描绘

眼睛是表现人物的重要载体，被称为“心灵的窗户”。眼睛由眼眶、眼睑、眼球组成。眼睛的位置在面部的1/2处，眉在眼睛到头顶的1/4或1/5处。眼睛是球体结构，一般画球体中间部分需要画得实，球体侧面要求虚化一些。眼珠上方的上眼睑要画出它的皮质厚度，包括小的反光、阴影等。

步骤1　画出眼睛的轮廓结构。

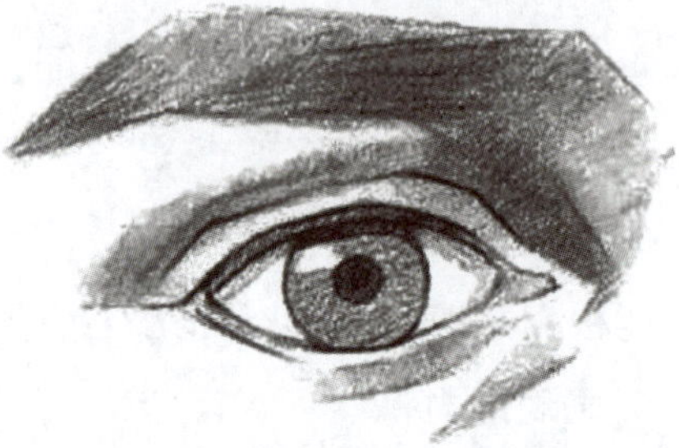

步骤2　先用绘画铅笔把瞳孔画黑，眼白画浅，加重内眼角边缘。再画上眼睑，亮部的灰色较浅，高光留白，暗部灰色加重，加深双眼皮线，画眼袋形状。

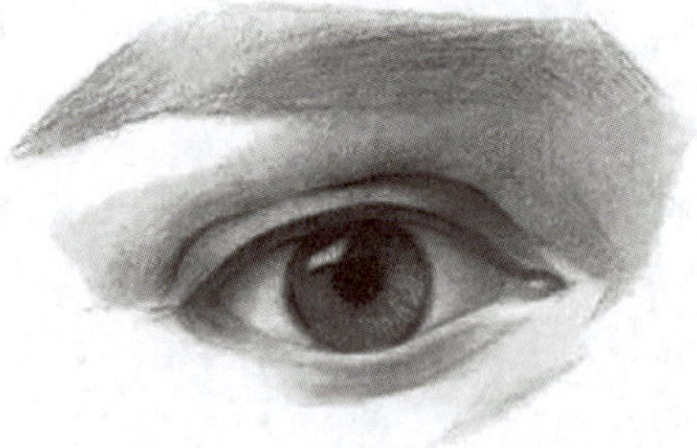

步骤3　画上眼睑的灰色，把下眼睑的形状画出来，整体调整。

2. 鼻子的描绘

鼻子位于面部的中央，长度为面部的1/3，宽度为两眼间的距离。鼻子上部较窄，两眼之间的突起为鼻根，向下延成鼻背，下端突出部分为鼻尖，鼻尖两侧弧形隆突的部分为鼻翼，鼻下方为鼻孔。

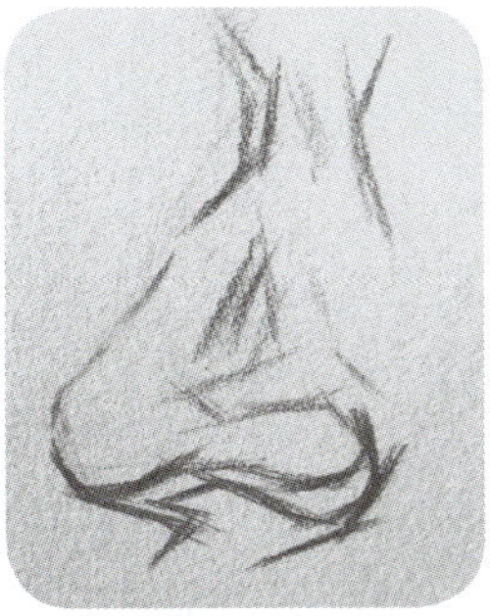

步骤 1 用直线定大的轮廓和明暗转折点。

步骤 2 确定形体结构和明暗转折后，用均匀的线条铺上大致的明暗，逐步加深明暗对比。

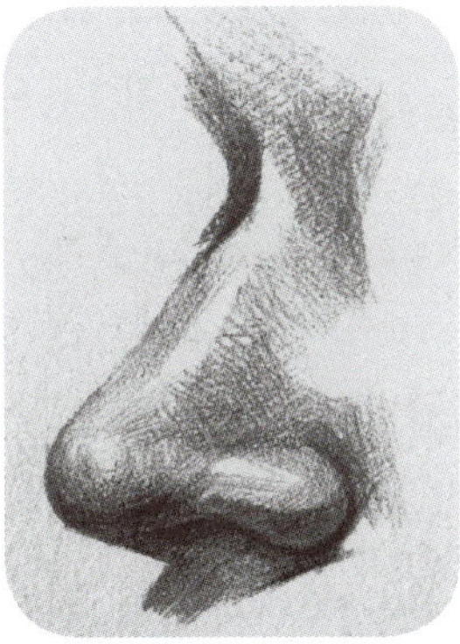

步骤 3 在区分明暗对比后依次用线条过渡，注意鼻尖和鼻翼的球面体积。

3. 嘴巴的描绘

嘴巴成锥体状，唇中部在前，左、右嘴角往后，在技法处理上要把握住这个前后关系。上唇边缘线不能画得过深，要略淡、自然，上唇最主要的是明暗转折线。下唇边缘线左右近嘴角处最好不要全部画出来，下唇边缘线中间段和下唇沟这部分要描绘出明暗层次、结构转折等。嘴角呈内凹的结构特征，可用小手指轻轻擦一下。

步骤 1 定好位置，用短直线勾出轮廓，找出明暗交界线。

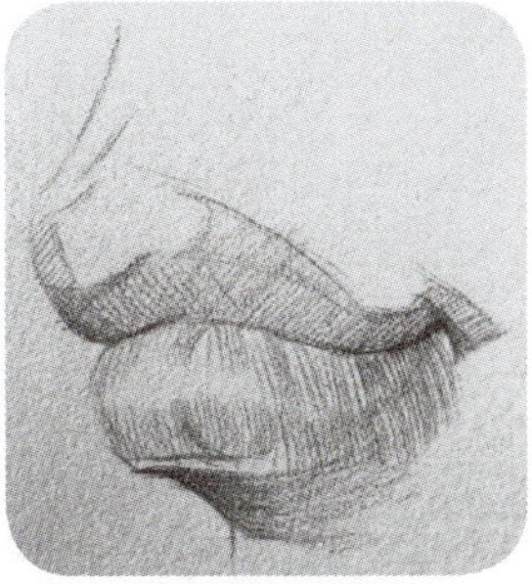

步骤 2 用线条排出大致明暗，逐步加深明暗对比。

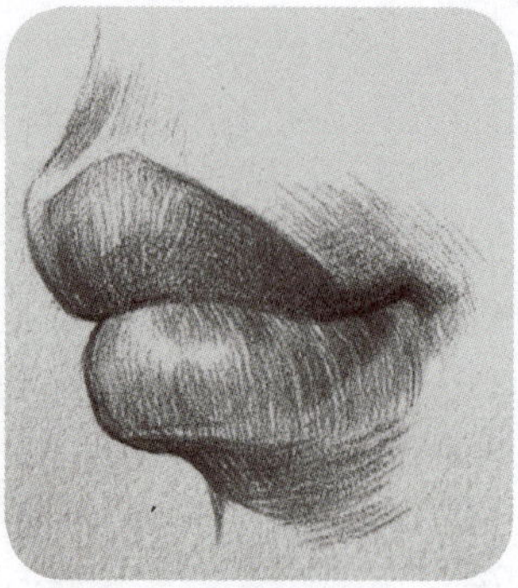

步骤 3　整体调整，注意边缘线不要毛糙，嘴唇要圆润。

4. 耳朵的描绘

耳朵在头部的两侧，长度与鼻子相等，其宽度为长度的 1/2。耳朵主要由耳轮、耳窝和耳垂等部分组成，突起的结构是耳轮、耳屏和对耳屏，凹进去的是耳窝、耳舟、三角窝等。

步骤 1　用直线画出大的轮廓和位置。

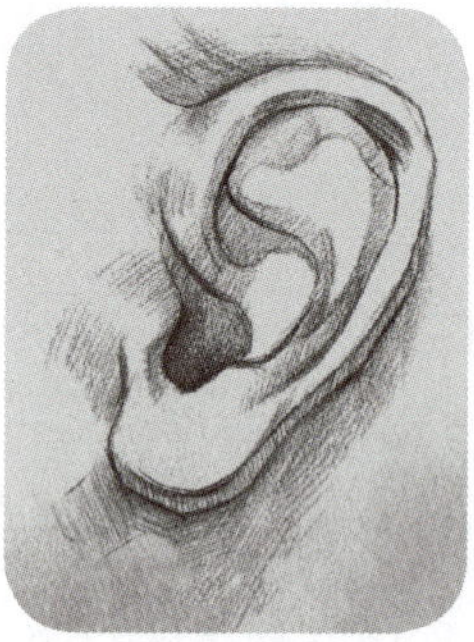

步骤 2　勾勒出具体的轮廓和明暗交界线，外轮廓要淡一些，明暗交界线要加重一些，用均匀的线条展现大致的明暗效果。

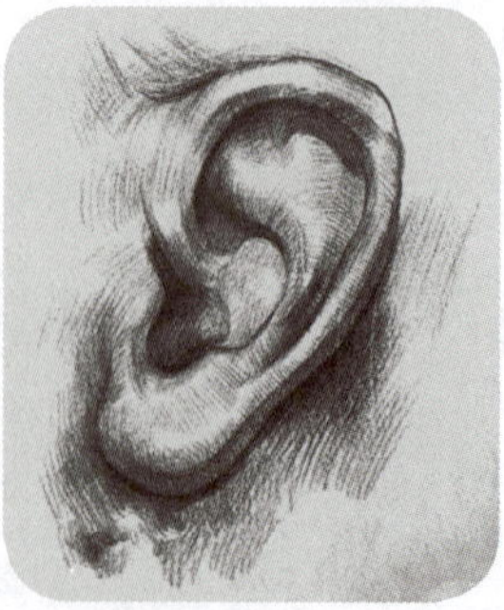

步骤 3　暗部加重，拉开黑白灰的层次对比，顺着结构方向使用小弧线在明暗交界线处过渡，达到自然生动的效果。

注意事项

1. 在描绘人物面部时要先确定好眼睛、鼻子、嘴巴、耳朵的位置。

2. 注意线条的深浅。

培训单元 2　发型线条轮廓绘制

培训重点

了解素描与发型设计的关系。

了解发型素描的线条轮廓绘制要求。

能够绘制发型线条轮廓。

知识要求

一、素描与发型设计的关系

素描与发型设计的关系是基础与创作的关系。发型设计是一门造型艺术，也是一种艺术创造，其目的是塑造和美化人物形象，满足人们对美的需求。因此，发型设计具有实用性和审美性。发型设计主要通过设计构思、技术体现、造型展示三个环节实现，而素描技术是一切造型艺术的基础，素描基本功越扎实，发型设计的表现力就越强，就越有助于提高美发师的设计创作水平。

发型设计构思是对发型式样的一种创造性的思考、设想和确立，并以素描的形式把设想的式样具体化，形象地展现在画面上，成为表达设计构思的设计图（也称效果图）和发型式样的造型依据。要想画好设计图，素描是基础。发型设计图可以用线条、明暗调子或线面结合的素描表现形式表达设计意图。扎实的素描造型基础训练能够培养美发师敏锐的观察能力和正确的观察方法。掌握素描造型基本规律和提高素描造型技能，对于美发师准确地表达发型的形体结构、比例关系、明暗调子、空间布局、形象特色来说，是重要的基础和必要的艺术修养。

作为一名高级美发师或者想成为一名高级美发师，除了掌握剪、吹、烫、染等专业技术外，还要掌握一定的素描技术，因为发型设计方案本身就是美发师和顾客共同沟通商定的，如果只是口头讨论，那发型设计只是一种设想，看不见摸不着。一份具体而又看得见的设计方案和发型效果，最直接的就是用素描来体现，把发型的长短、轮廓、卷曲、流向、层次结构等要素绘制出来。

要提高素描发型的艺术表现力，就要充分调动素描的造型语言，如主次、强弱、虚实、变化与统一、节奏与韵律等，并巧妙地运用曲与直、疏与密、静与动、聚与散、刚与柔等对比、衬托等手法，塑造生动、鲜明、优美的发型。对素描基本功的掌握，对素描造型语言的运用，对素描造型知识的理解，都会直接或间接地影响发型设计创作。因此，掌握素描基本功，对于培养形象思维能力，提高发型设计创作水平和艺术鉴赏能力，都有着极为重要的意义。

二、发型素描的线条轮廓绘制要求

在发型素描绘制时，除了要画好脸部外，更重要的是要画好发型。在画整个发型时，不但要画出美发师所设计的发型长短、层次结构，还要把线条轮廓画出来。线条有曲（卷）和直两种，在画线条时一定要画出线条的流向和长短，这样才能体现发型的块面与方向，显示发型的层次感和纹理形状。

技能要求

长发的描绘

操作准备

准备绘画铅笔、橡皮、铅画纸、画板。

操作步骤

在描绘长发时，一定要注意头发的流向、直曲发的形状和动态、发梢的变化和明暗过渡及整个发型的轮廓结构，这样才能把长发的形状特点描绘得自然流畅。先把脸的轮廓画好，再把头发的外轮廓画好，最后进行头发块面的描绘。卷发要有弧度，直发要有线条，并要将头发起伏感画出来。

步骤 1 画正面时，用笔轻轻画出外轮廓，先整体再局部，最后画细节。

步骤 2 画头发时注意顺应头发的自然结构，处理头发发际线和边缘线时要有线条的长短和粗细虚实的变化，同时头发每组之间的交界线要变化自然，不同的头发所用的线也不同。

步骤 3 画侧面时，画出头部外轮廓，注意后脑勺的位置，排列发丝大概走向。

步骤 4 根据头发的走势，用笔画出暗部的阴影，并按照走势给头发留白部分画出阴影，同样要注意长短线结合绘制，力度要稍微轻一些，高光部分继续留白。

注意事项

1. 长发的直曲应通过弧度和线条进行区别。

2. 长发要画出飘逸感。

盘发的描绘

操作准备

准备绘画铅笔、橡皮、铅画纸、画板。

操作步骤

在画盘发时，首先要构思这款发型集束点的位置，再根据集束点的部位，描绘盘发时头发的流向、纹理。后部头发应朝上聚集，正面刘海可采用斜线和弧线来画。特别在画顶部球状的头发时，应采用弧线绘画，球状头发两端应用明暗手法来表现球体的立体感，弧线的运用可以体现球体的深浅层次，任何球体两端（两点）的中间是最高点，因此在绘画球体两端时，应由深到浅过渡至中间，这样有质感的球体就呈现出来了。

步骤 1　画正面时，用简洁的线条轻轻确定头部与发包的位置。

步骤 2　从整体上给画面铺上一层细细的发丝，初步建立起发型立体感。

步骤 3　加深发型阴影部分，把明暗层次拉开，使发型的立体感更强烈，用线条具体刻画发型细节，同时用色调表现主要的转折处。

步骤 4　画侧面时，用简洁的线条轻轻确定头部与发包的位置。

步骤 5 从整体上给画面铺上一层细细的发丝，初步建立起发型立体感。

步骤 6 加深发型阴影部分，把明暗层次拉开，使发型的立体感更强烈，用线条具体刻画发型细节，同时用色调表现主要的转折处。

注意事项

1. 在画盘发时要画出动感。
2. 要把头发的纹理和明暗层次画出来。

短发的描绘

操作准备

准备绘画铅笔、橡皮、铅画纸、画板。

操作步骤

美发师在描绘短发发型的时候，应对其设计的短发发型有完整的构思，确定短发发型外轮廓的形态、弧度、纹理、结构形式及边线形状，然后进行有步骤的描绘，把短发发型的头发层次、流向、纹理特点描绘出来，使短发发型显得有立体感。

步骤1 画正面时，勾勒出头部轮廓，画出头发的基本形状，勾勒出头发的两侧、顶部和刘海。

步骤2 从头顶开始，按照头发的生长方向用铅笔轻轻勾画出发丝的明暗。

步骤3 顺着头发生长方向把头发亮面画出来。

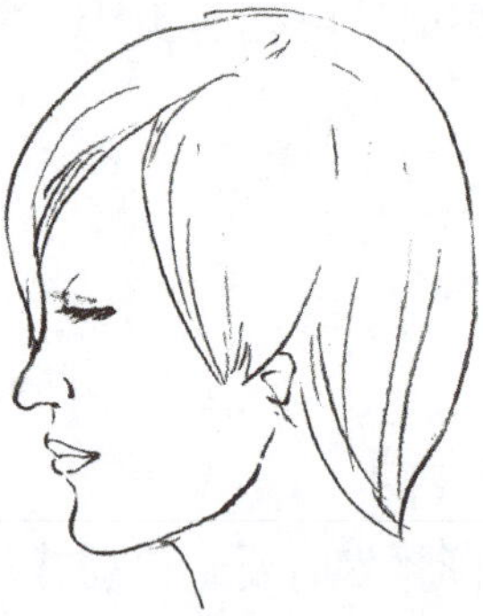

步骤4 画侧面时，用铅笔轻轻勾画出后脑勺的位置，注意后脑勺不能太小，头发是有厚度的。

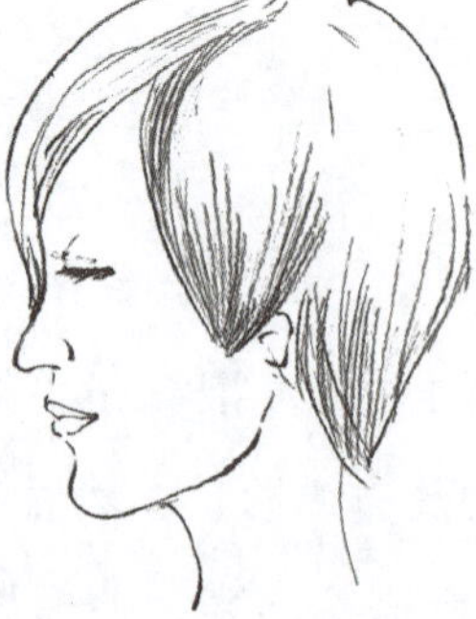

步骤5 按照头发的生长方向用发丝排列明暗关系。

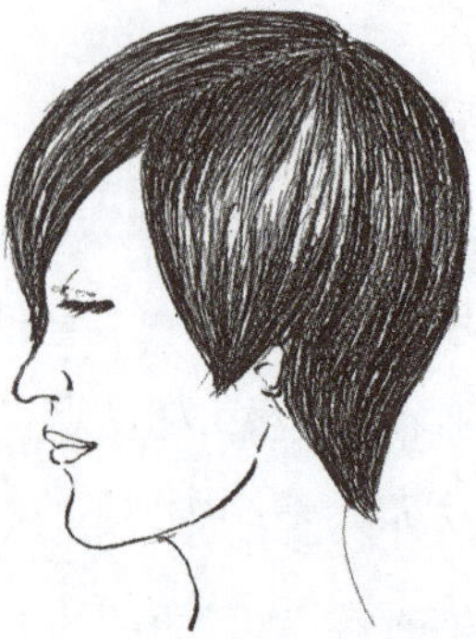

步骤6 加深发型阴影部分，把明暗层次拉开，用铅笔一根根画出头发的排列，注意留出高光处。

注意事项

1. 在画短发时要刻画它的轮廓和形状。
2. 要画好短发的发丝和流向。
3. 脸形五官要画标准。

思考题

1. 发型设计的基本要求是什么?
2. 请简述发型设计程序。
3. 请简述发尾构思的主要内容。
4. 现代发型设计方法有哪些?
5. 请简述素描与发型设计的关系。

职业模块 2
发型制作

内容结构图

- 发型制作
  - 修剪
    - 男发修剪
    - 女发修剪
  - 烫发
    - 卷杠与卷杠手法的选择
    - 卷烫方法的选择
  - 造型
    - 男式发型吹风梳理
    - 女式发型吹风梳理
    - 生活类发式造型

培训项目 1 修剪

培训单元 1 男发修剪

培训重点

了解男式各种层次综合修剪技法和时尚发型的分类与标准。

能够进行男式平头、圆头、平圆头、游泳式发型修剪。

能够进行男式时尚发型修剪。

知识要求

一、男式时尚发型的分类与标准

1. 男式时尚短发的标准

男式时尚短发基本上突破了传统的两侧和后基线部位的推剪，通过有层次地削剪、推剪来造型，两侧头发不遮盖整个耳朵，后部头发的长短在发际线处。发型有直发也有卷发，具体发式自然随意，层次分明，充满活力。男式时尚短发的标准如图 2–1 所示。

2. 男式时尚中长发的标准

男式时尚中长发与短发基本相同，只是留发长短有所区别，两侧头发露出部分耳朵，后部头发的长短在发际线以下二至三手指宽的距离。发型有的是直发剪吹，有的是烫发梳理。具体发式自然、有动感，层次变化有序，充满帅气感。男式时尚中长发的标准如图 2–2 所示。

图 2–1　男式时尚短发的标准

图 2–2　男式时尚中长发的标准

3. 男式时尚长发的标准

男式时尚长发发型长度超过耳朵，分为直发和卷发两种。直发的层次较为零碎和丰富，有飘逸感；卷发分全卷和只在发尾处烫出微微外翘的微卷。男式时尚长发的标准如图 2–3 所示。

图 2–3　男式时尚长发的标准

二、提拉角度和层次变化的关系

修剪头发时，头皮与发片的角度可根据发型的需要进行提拉，提拉角度发生变化，所呈现的发型效果也会有所变化。例如，提拉角度大于 90°头发会显得轻盈，提拉角度小于 90°头发会显得厚重，提拉角度接近 90°头发将会均匀地分布在头皮上。

提拉角度是制造各种层次的基本要素，决定着发型的轮廓形状、量感分配和纹理动静等。在修剪时，发片的提拉角度上升或移动，都会直接影响层次的变化，因此在修剪时，提拉角度应根据发型的设计要求和顾客的头形、发质、发量、弹性及头发流向来确定。同样的提拉角度，放在不同人的头上或同一人的不同头部区域，所呈现的层次效果也会有不同的变化。

三、男式平头、圆头、平圆头、游泳式发型的修剪质量标准

1. 平头的修剪质量标准

平头又称平顶头或小平头，特点是两侧和后部头发较短，从发际线向上推剪，短发呈坡差层次，色调匀称，顶部头发推剪平，根据顶部头发长度，又有大平头、小平头之分。

2. 圆头的修剪质量标准

圆头又称圆顶头或小圆头，特点和平头相似，但顶部头发呈圆形。

3. 平圆头的修剪质量标准

平圆头是吸取平头和圆头两者的特点综合而成，周围头发有层次色调，顶部头发呈水平圆形。

4. 游泳式的修剪质量标准

游泳式又称运动式，是在平圆头基础上发展起来的，顶部头发较平圆头长，周围头发轮廓上部呈球形，层次较低，色调较深，短发具有长发感觉，适合青年、中年和运动员。

四、修剪技术问题的解决方法

1. 修剪不平整

在修剪男式短发（如平头、圆头、平圆头等）时出现修剪不平整的情况，主要是由于没掌握好手中的梳子所导致，因为梳子的平衡和角度在推剪和剪切过程中会直接影响发型的轮廓和形状。

2. 两侧或前后不齐

有的美发师在修剪发型时不善于看前方的镜子，因此会出现两侧或前后不齐的情况。镜子是不可忽视的工具，它能为美发师指出许多需要调整和修复的问题，

所以在修剪发型时一定要多看前方的镜子，这样才能把握好整个发型的修剪。

技能要求

男式平头的修剪

操作准备

准备剪刀、电推剪、中号梳、小抄梳、围布、毛巾、围颈纸。

操作步骤

修剪前的造型

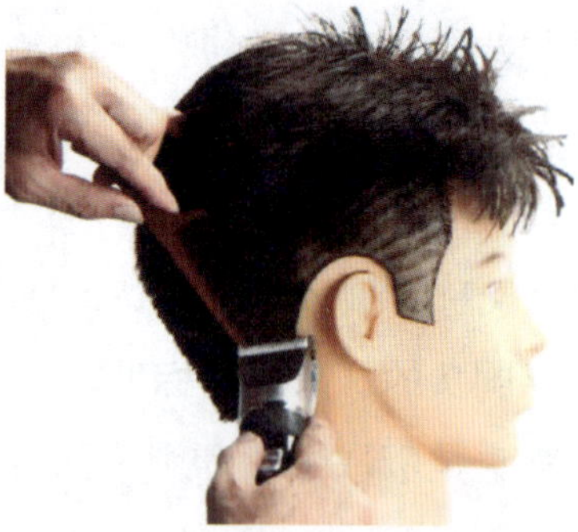

步骤 1　用围布、毛巾、围颈纸做好准备。用中号梳配合电推剪按照从右向左、由下往上的顺序推剪四周轮廓。

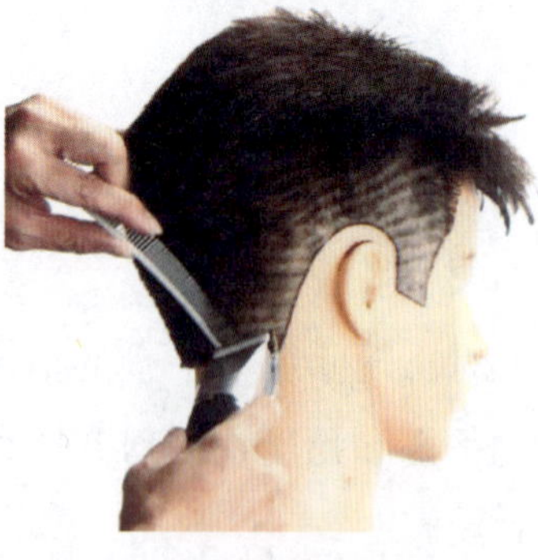

步骤 2　用小抄梳配合电推剪按照从右向左、由下往上的规律推剪四周轮廓。

步骤 3　根据平头发型的发长要求，用中号梳和电推剪配合，推剪额前头发，由前向后推剪至顶部。

步骤 4　根据平头发型的发长要求，用中号梳和电推剪配合，推剪后顶部头发，由后向前推剪至前额部。

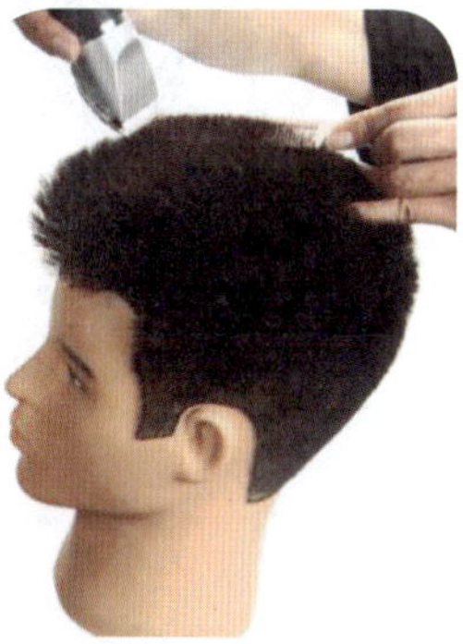

步骤 5　站在后侧，用中号梳和电推剪配合推剪右侧顶部头发，由右向左推剪至左侧顶部。

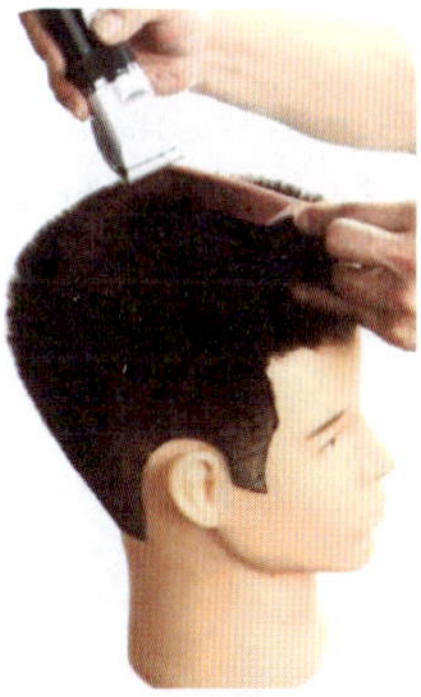

步骤 6　站在前侧，用中号梳和电推剪配合，推剪左侧顶部头发，由左向右推剪至右侧顶部。

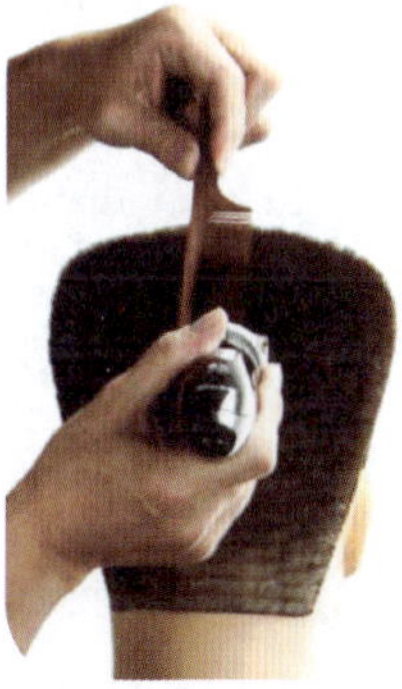

步骤 7　站在左侧，用中号梳和电推剪配合推剪后顶部头发，从枕骨区向后顶部推剪后轮廓。

步骤 8　剪刀垂直于发型轮廓，用托剪法对发型轮廓进行修饰。

步骤 9　对发型整体轮廓进行检查并做细微调整、修饰。

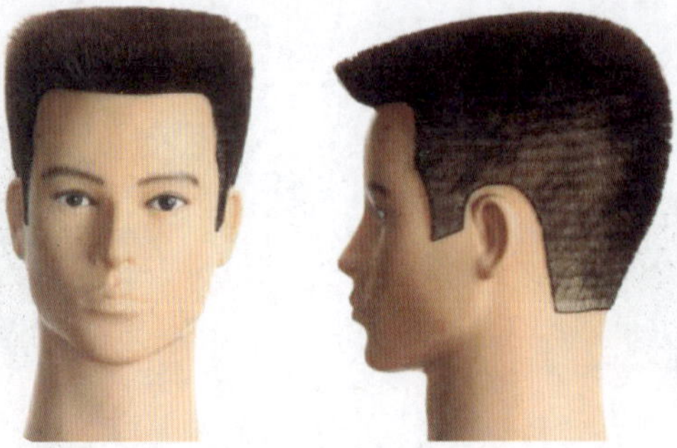

完成发型

注意事项

1. 平头发型的顶部、左右两侧的表面应为三个平面。

2. 平头发型的正面外轮廓线应由三条直线组成。

3. 平头发型的侧面外轮廓线为弧形线条。

4. 推剪时梳子要端平，插入头发时不要将头发推弯。

5. 推剪顺序：右鬓部→右耳上部→右耳后侧→后颈部→左耳后侧→左耳上部→左鬓部→顶部。

男式圆头的修剪

操作准备

准备剪刀、电推剪、中号梳、小抄梳、围布、毛巾、围颈纸。

操作步骤

修剪前后造型

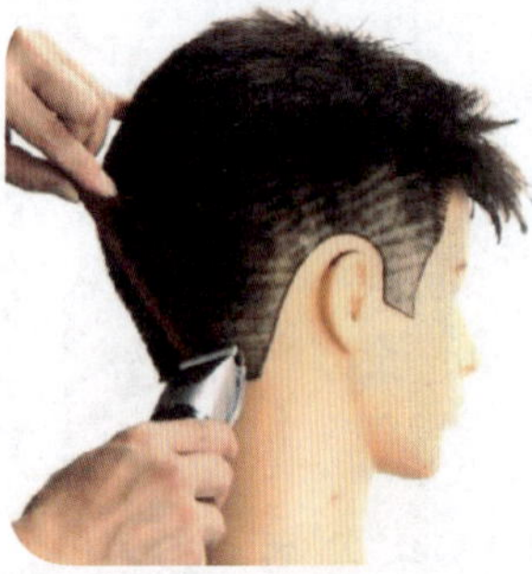

步骤 1 用围布、毛巾、围颈纸做好准备。用中号梳和电推剪配合，从右鬓部按从右向左、由下而上的顺序推剪圆头发型的四周轮廓及色调。

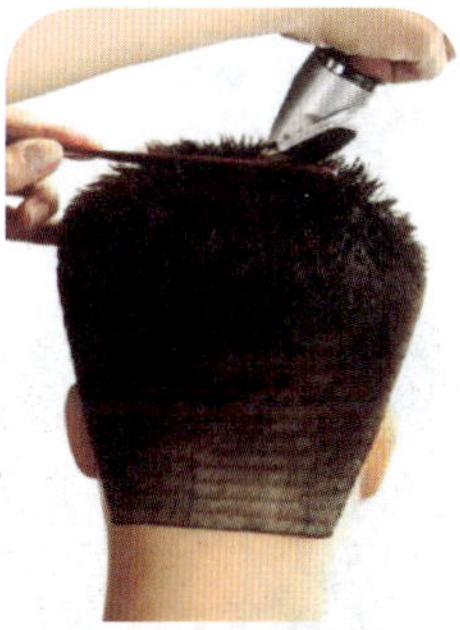

步骤 2　在头部最高点的地方先确定头发的长短，推剪时中号梳放平。

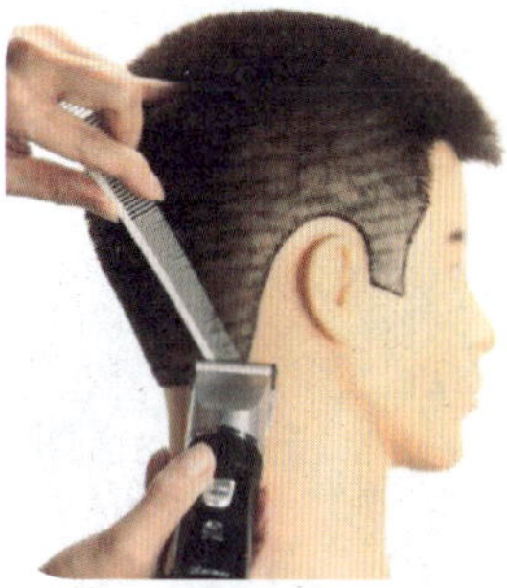

步骤 3　用小抄梳配合电推剪对头部发际线处的头发进行细致的推剪。推剪时梳子要贴近头皮，推剪的动作幅度不宜过大。

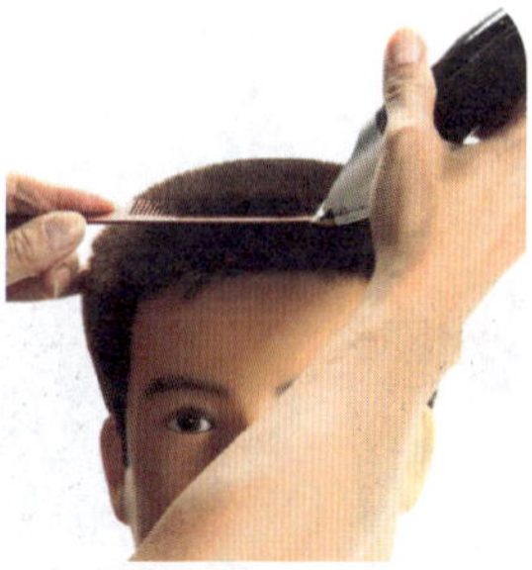

步骤 4　站立在顾客的前面，用中号梳挑起前额头发，用电推剪剪去梳子上面的头发。梳子挑起的头发长度要符合男式圆头发型的发长要求，从前向后推剪至顶部。

步骤 5　站立在顾客的后侧，用中号梳和电推剪配合，推剪后顶部头发。顶部留发的长度要符合男式圆头发型的发长要求，从后向前推剪至额前部。

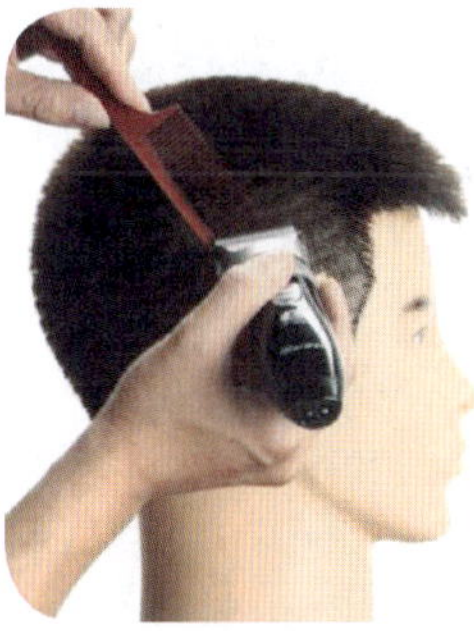

步骤 6　站立在顾客的右后侧，用中号梳和电推剪配合，推剪右侧轮廓部的头发，从右向左推剪至左侧顶部。美发师的站位随推剪进程移动。

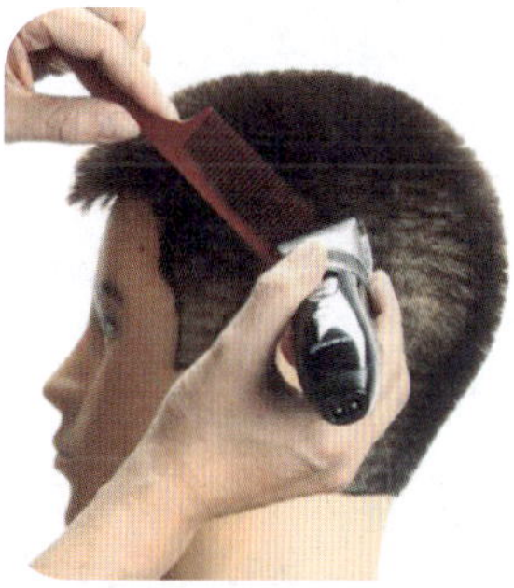

步骤 7　站立在顾客的左前侧，用中号梳和电推剪配合，推剪左侧轮廓部的头发，从左向右推剪至右侧顶部。美发师的站位随推剪进程移动。

步骤 8　站立在顾客的左后侧，用中号梳和电推剪配合，推剪轮廓部的头发，从枕骨区推剪至后顶部。美发师的站位随推剪进程移动。

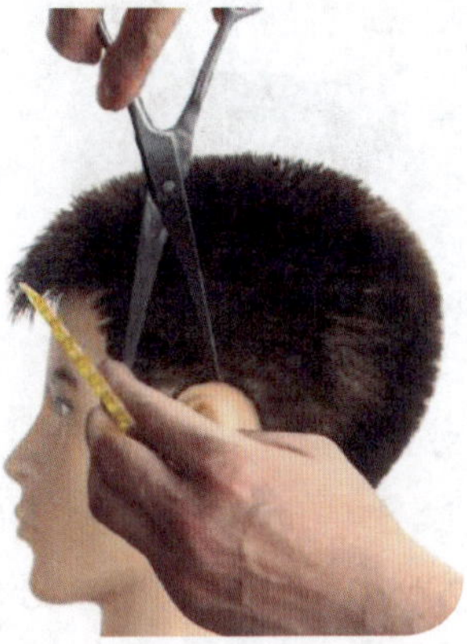

步骤 9　剪刀垂直于发式轮廓，用托剪法对发型的外轮廓进行修饰，要注意对耳朵上部的保护。

步骤 10　对发型整体轮廓进行检查、调整、修饰。

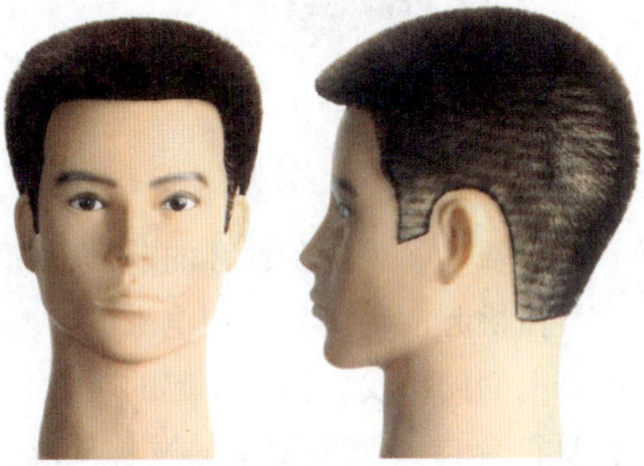

完成发型

注意事项

1. 圆头的顶部、左右两侧的表面应为三个圆弧面。

2. 圆头的正面外轮廓线应由三条圆弧线组成。

3. 圆头的侧面外轮廓线为弧形线条。

4. 用剪刀修剪轮廓的时候，要注意对耳朵的保护。

5. 推剪顺序：右鬓部→右耳上部→右耳后侧→后颈部→左耳后侧→左耳上部→左鬓部→顶部。

男式平圆头的修剪

操作准备

准备剪刀、电推剪、中号梳、小抄梳、围布、毛巾、围颈纸。

操作步骤

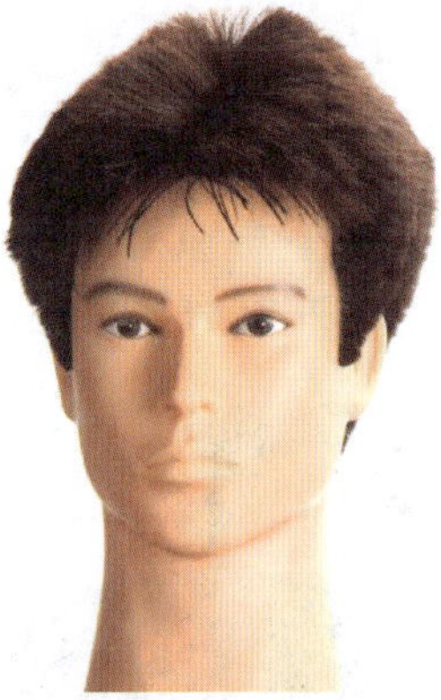

修剪前的造型

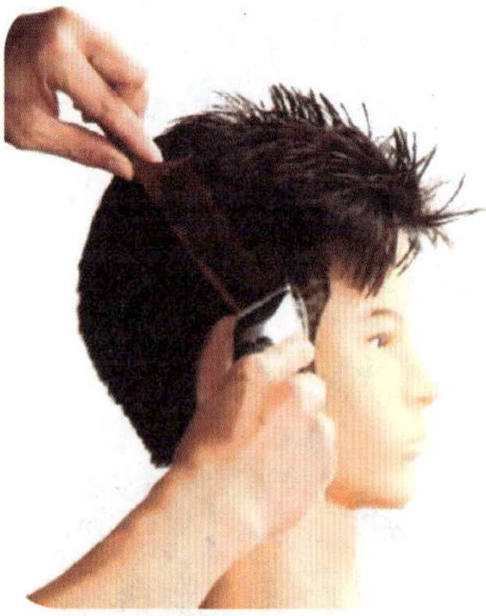

步骤 1 用围布、毛巾、围颈纸做好准备。用中号梳配合电推剪从右鬓部按照从右向左、由下而上的顺序推剪四周和顶部的初样轮廓。

步骤 2 用电推剪与小抄梳配合，从右鬓部开始推剪四周发际线处的头发，色调过渡要精细，形成平圆头发型的初样轮廓。

步骤 3 用电推剪与中号梳配合，从额头前部由前向后推剪至顶部，并确定顶部留发的长度，形成顶部轮廓初样。

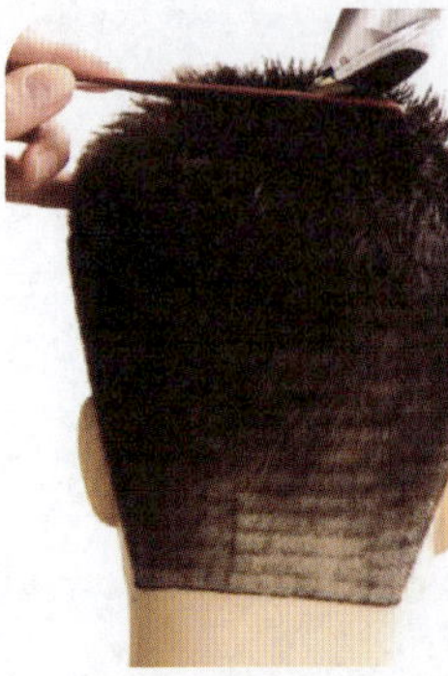

步骤 4 用电推剪与中号梳配合，从后顶部开始推剪顶部的轮廓，由后向前推剪至前额部。

步骤 5 站在顾客的右后侧，用中号梳与电推剪配合，推剪右顶部的头发，从右向左推剪至左侧顶部。

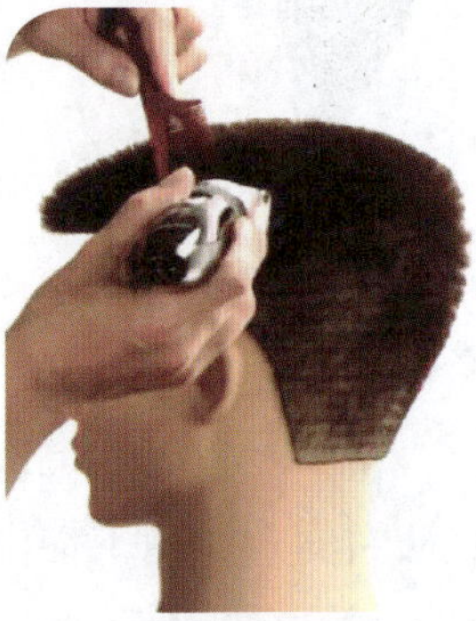

步骤 6 站在顾客的左前侧，用中号梳与电推剪配合，推剪左顶部的头发，从左向右推剪至右侧顶部。

步骤 7 站在顾客的左后侧，用中号梳与电推剪配合，推剪后顶部的头发，从枕骨区推剪至后顶部。

步骤 8 用中号梳与剪刀配合，对发型整体轮廓进行修饰调整。

步骤 9 对整个发型进行检查、调整、修饰。

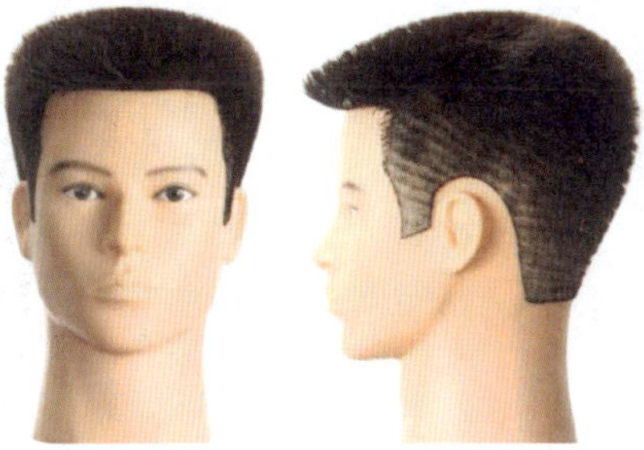

完成发型

注意事项

1. 平圆头的顶部表面应近似水平。

2. 平圆头左右两侧的表面应为两个圆弧面。

3. 平圆头的正面外轮廓线应由圆弧线与直线组成。

4. 平圆头的侧面外轮廓线为弧形线条。

5. 运用剪刀修剪轮廓的时候，剪刀和梳子一定要运行平稳。

6. 推剪顺序：右鬓部→右耳上部→右耳后侧→后颈部→左耳后侧→左耳上部→左鬓部→顶部。

男式游泳式的修剪

操作准备

准备剪刀、电推剪、中号梳、小抄梳、围布、毛巾、围颈纸。

操作步骤

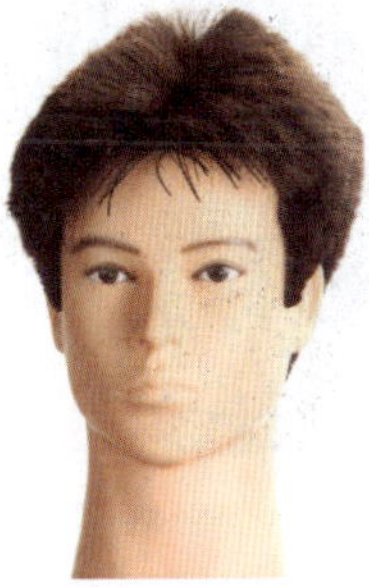

修剪前的造型

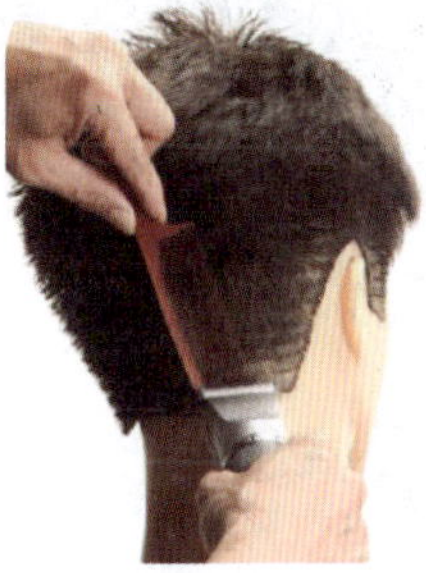

步骤 1 用围布、毛巾、围颈纸做好准备。用中号梳配合电推剪贴近头皮，从右鬓部按照从右向左、由下而上的顺序推剪出游泳式发型初样轮廓。

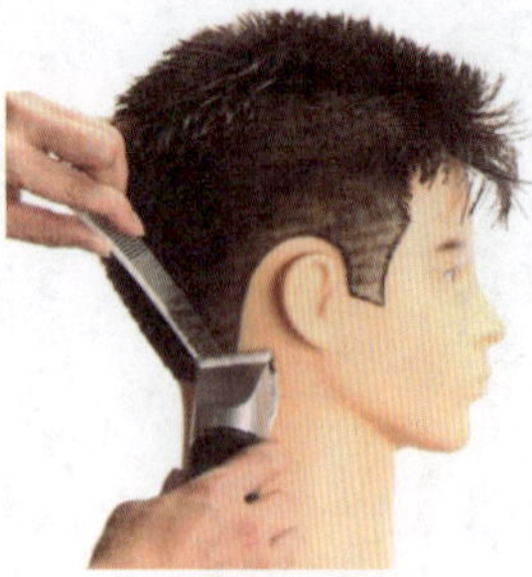

步骤 2 用小抄梳配合电推剪贴近发际线处头皮，从右鬓部开始推剪四周发际线处的头发，形成游泳式发型的初样轮廓。

步骤 3 站在顾客的前侧，用中号梳和电推剪配合，推剪前额头发。留发的长度符合游泳式发型的发长要求，从前向后推剪至顶部。

步骤 4 站在顾客的后侧，端平中号梳，用电推剪剪出后顶部的游泳式发型轮廓，从后向前推剪至前额部。

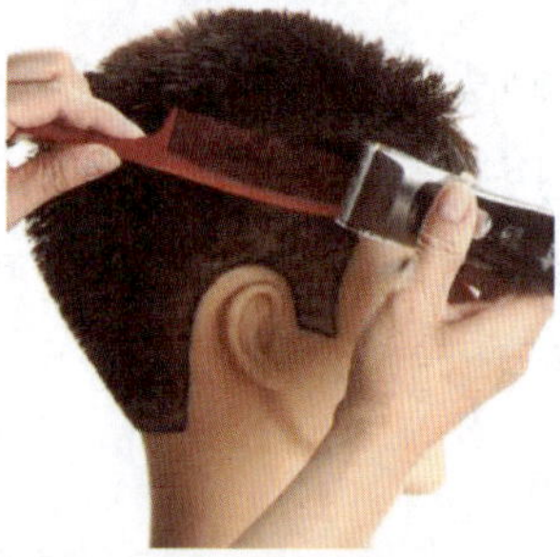

步骤 5 站立在顾客的右后侧，用中号梳与电推剪配合，推剪右侧轮廓部的头发，从右向左推剪至左侧顶部。美发师的站位随推剪进程移动。

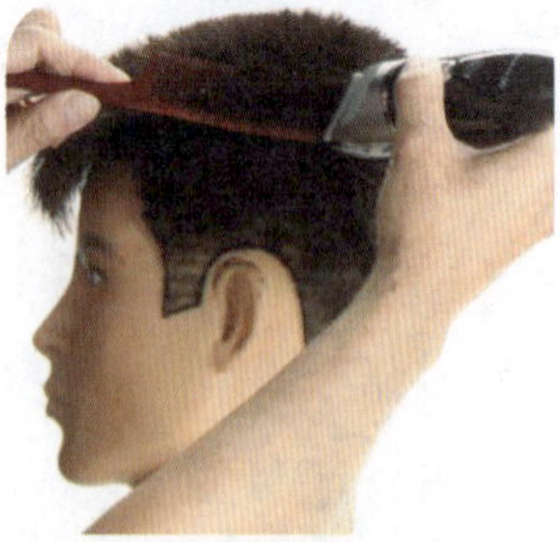

步骤 6 站在顾客的左前侧，用中号梳与电推剪配合，推剪左侧轮廓部的头发，从左向右推剪至右侧顶部。美发师的站位随推剪进程移动。

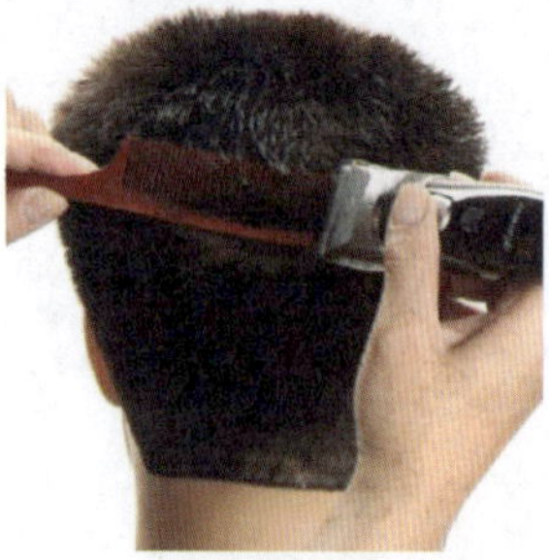

步骤 7 站在顾客的后侧，用中号梳与电推剪配合，推剪后顶部的头发，从枕骨区推剪至后顶部。

步骤 8　游泳式刘海要留得长一些，用剪刀修剪前额发丝更能体现效果。

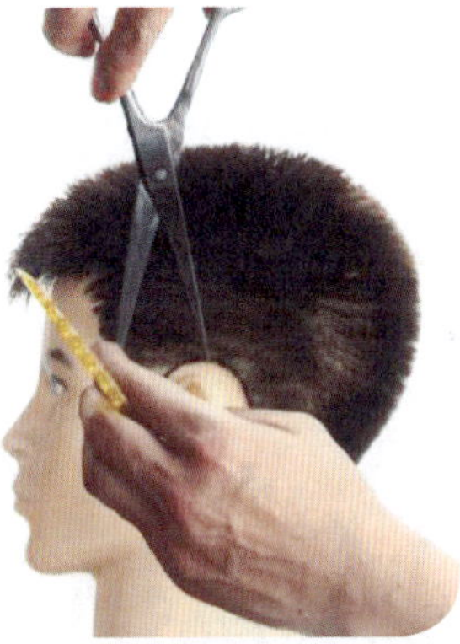

步骤 9　用垂直托剪法对发型两侧轮廓进行修饰调整。

步骤 10　对发型整体轮廓进行检查、调整、修饰。

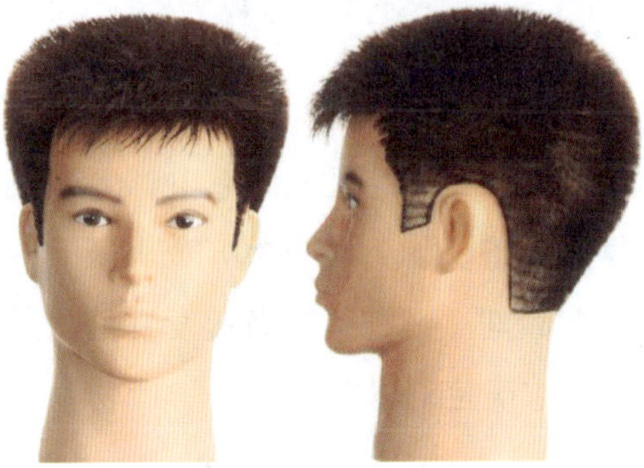

完成发型

注意事项

1. 游泳式的顶部、左右两侧的表面应为三个圆弧面。

2. 游泳式的正面外轮廓线应由三条圆弧线组成。

3. 游泳式的侧面外轮廓线为弧形线条。

4. 游泳式发型较平头和平圆头自然。

5. 刘海的长度不宜剪得过短，应有参差层次以体现动感。

6. 推剪顺序：右鬓部→右耳上部→右耳后侧→后颈部→左耳后侧→左耳上部→左鬓部→顶部。

男式时尚短发综合修剪

操作准备

准备剪刀、牙剪、电推剪、中号梳、围布、毛巾、围颈纸。

操作步骤

步骤 1 用围布、毛巾、围颈纸做好准备。将头发分为五个大区。提拉前额刘海，按照时尚短发发型的发长要求确定刘海发长。

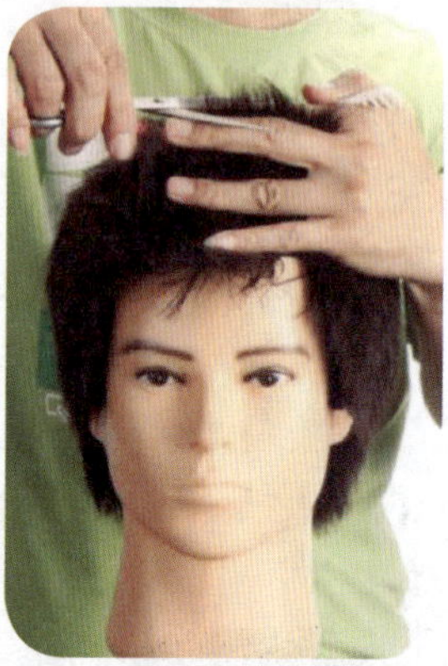

步骤 2 完成额前刘海修剪后进行顶部发区修剪。随后逐片向后修剪左侧上区头发，发长以顶部剪好的头发长度为引导。

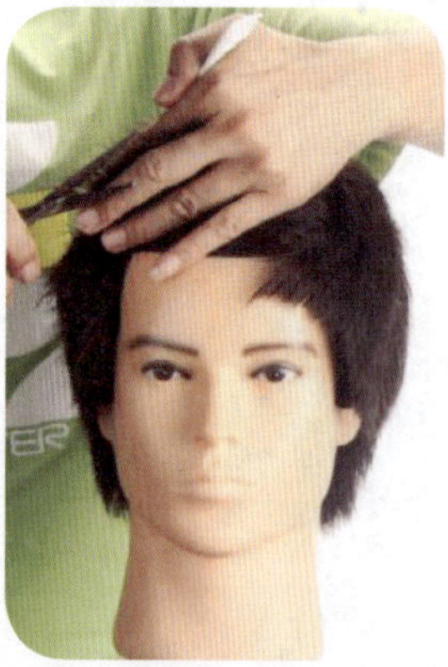

步骤 3 完成左侧上区头发修剪后，以左侧上区头发为引导，逐片向后修剪右侧上区头发。

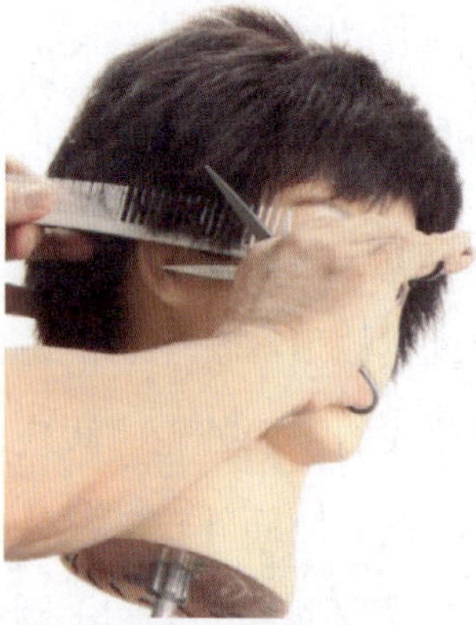

步骤 4 完成右侧上区头发修剪后，以右侧上区头发为引导，逐片向后修剪右侧下区头发，可用挑剪的方法。

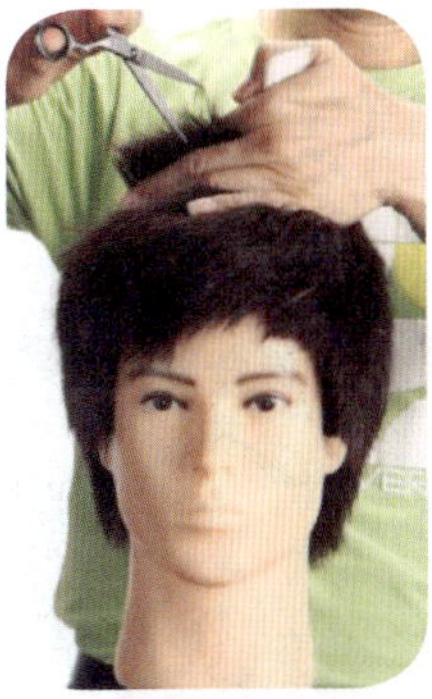

步骤 5 在顶部区域发尾处进行去薄或减轻发尾发量修剪。

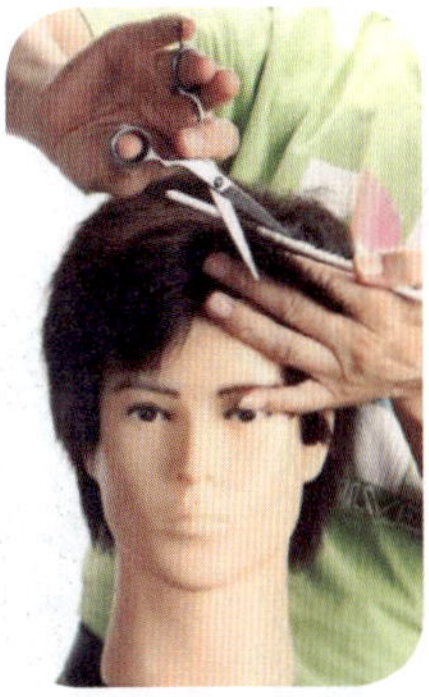

步骤 6 在刘海区域发尾处进行去薄或减轻发尾发量修剪。

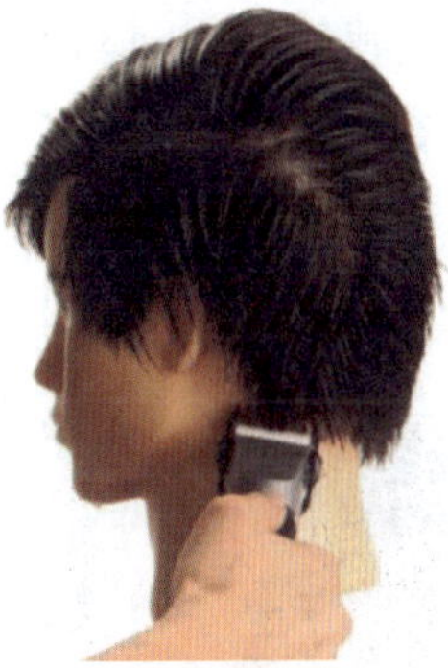

步骤 7 整个头部发尾处理完成后，在左侧划出要修剪的区域并用电推剪去除该区过长的头发。

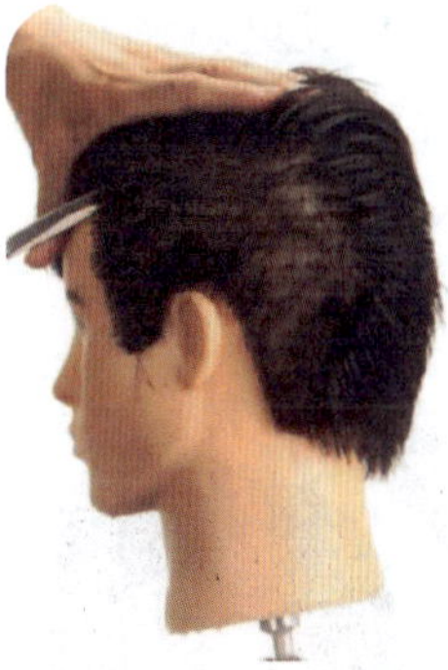

步骤 8 用剪刀的刀尖剪出区域轮廓线，修剪时要把握好剪缝的宽度。

步骤 9 将修剪区域用电推剪仔细地去除过长或过多的头发，保持该区域的头发长度在 0.2 cm，否则会影响发型效果。

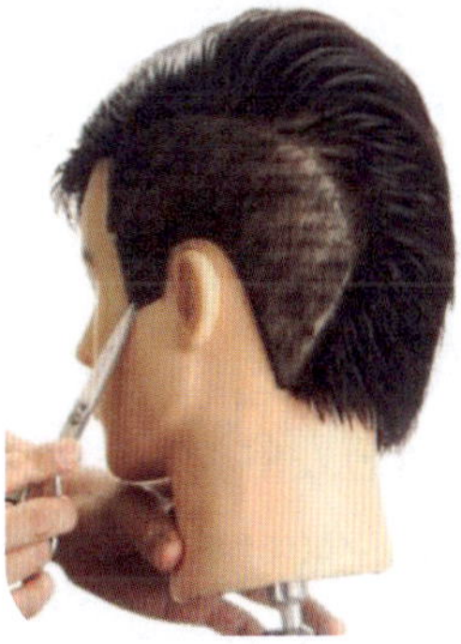

步骤 10 根据发型要求用剪刀的刀尖修剪线条图案，修剪图案完成后，对不足的部分进行调整。

步骤 11 用剪刀对修剪区域和未修剪区域的头发进行调整，使两区的头发长短有序、层次调和。

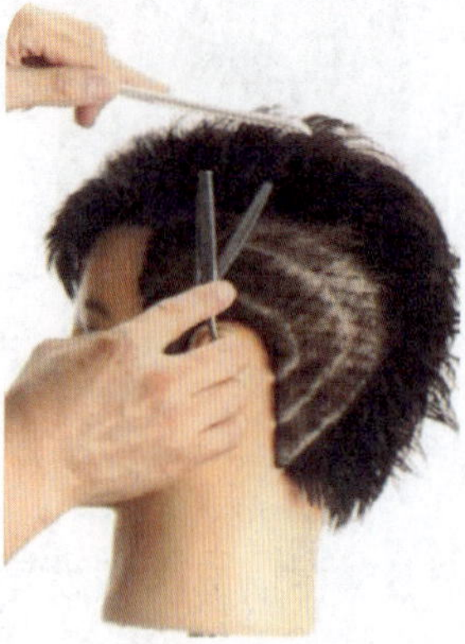

步骤 12 运用牙剪对修剪区域和未修剪区域的头发进行打薄去量调整，使两区的头发参差有序。

步骤 13 用牙剪对整个区域的头发进行发量调整，使整体头发符合时尚短发的发型要求。

完成发型

注意事项

1. 在时尚短发的修剪过程中，工具与修剪手法变化要灵活。
2. 层次变化的过渡要恰到好处。
3. 调整发量时，一定要把握好调整尺度，要符合发型要求。
4. 图案线条要干净利落，图案的底色发长要适中。

男式时尚中长发综合修剪

操作准备

准备剪刀、削刀、中号梳、围布、毛巾、围颈纸、夹子。

操作步骤

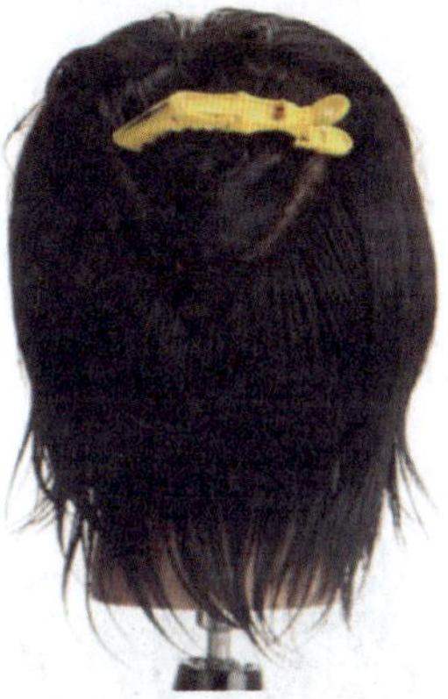

步骤 1 用围布、毛巾、围颈纸做好准备。在头顶的枕骨区进行三角分区，用夹子固定。

步骤 2 站在顾客的左后侧，将三角区边沿的一束发片拉起梳顺后，用削刀削薄、削短。

步骤 3 以第一片发片为引导，拉起下片头发，用削刀削薄、削短。再依前一片发片为引导，逐片将发片拉起，用削刀削薄、削短，直至发际线边沿头发。

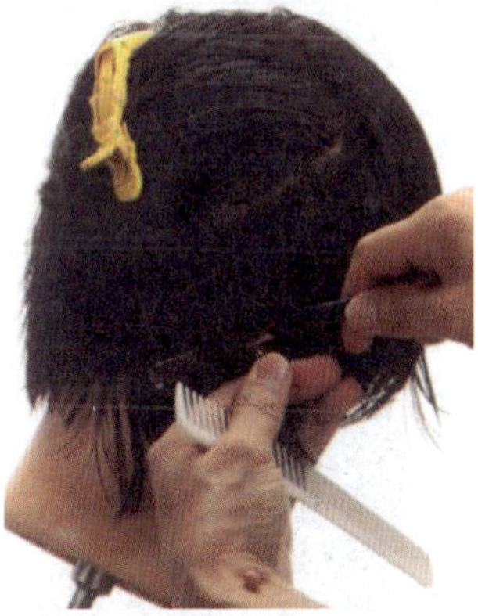

步骤 4 站在顾客的右后侧，将三角区边沿的一束发片拉起梳顺后，用削刀削薄、削短。

步骤 5 以前一片发片为引导，逐片将发片拉起，用削刀削薄、削短，直至发际线边沿头发。

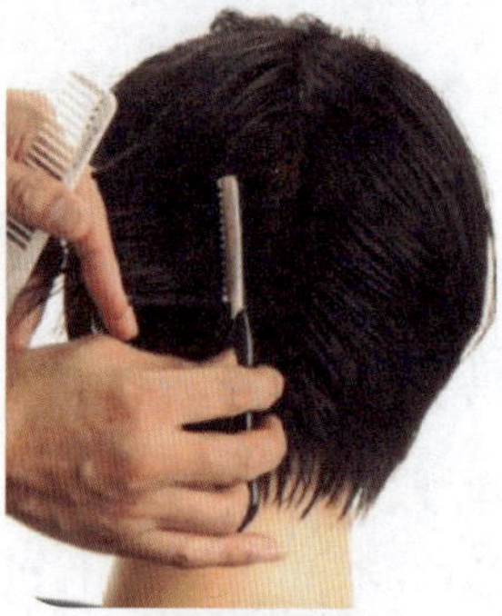

步骤 6 去除三角区的固定夹，以前一片发片为引导，逐片将发片拉起，用削刀逐片分份削薄、削短，直至后部发际线边沿头发。

步骤 7 在完成后部发区的削切后，在顶部发区将发片逐片拉起，用削刀分份削薄、削短。

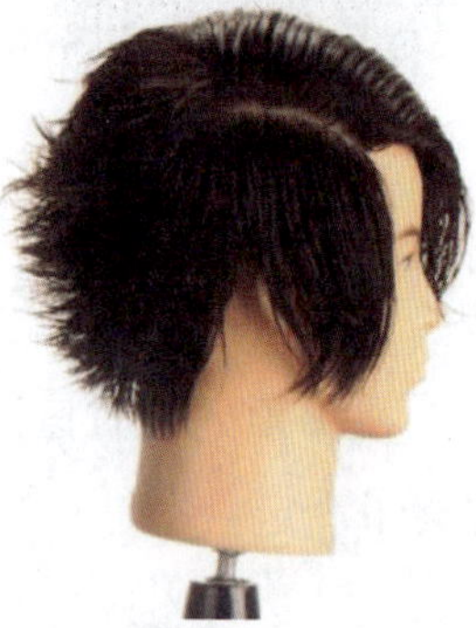

步骤 8 在完成顶部发区的削切后，在额角处向后分区，显现出侧区。

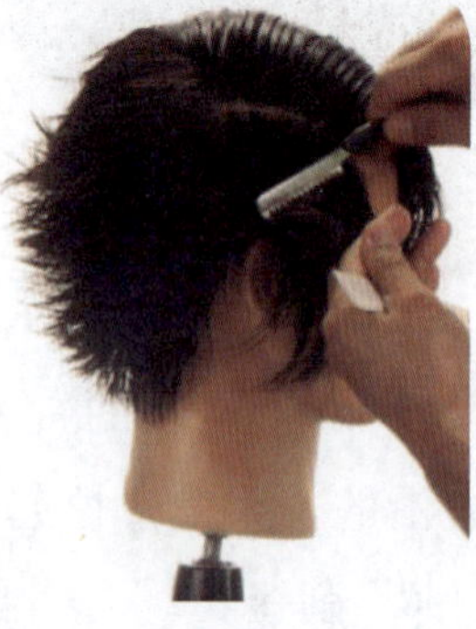

步骤 9 站在顾客右前侧，向前斜拉起右侧发区的发片，用削刀逐片分份削薄、削短。

步骤 10 站在顾客左前侧，斜向拉起左侧发区的发片，用削刀逐片分份削薄、削短。

步骤 11 完成侧发削切后，将刘海的削发区分出，准备斜向削切。

步骤 12 站在顾客的右前侧，确定刘海削发的长短，斜向拉起发片，用削刀逐片分份削薄、削短。

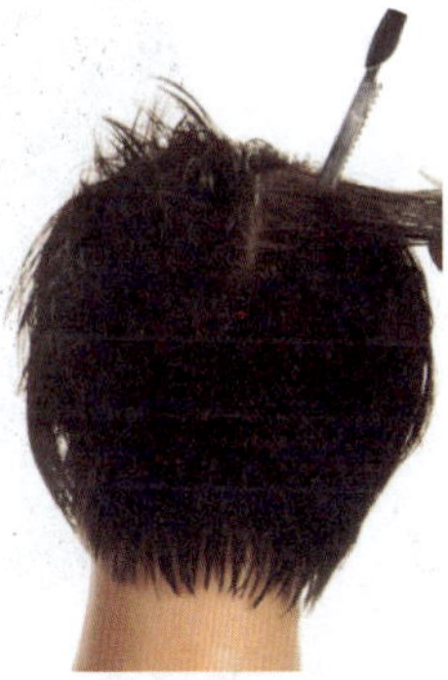

步骤 13 对枕骨上部的发量进行去薄处理，手指夹住头发提拉，竖起削刀从发根向发梢方向削切，逐片向顶部的其他部分慢慢移动削切。

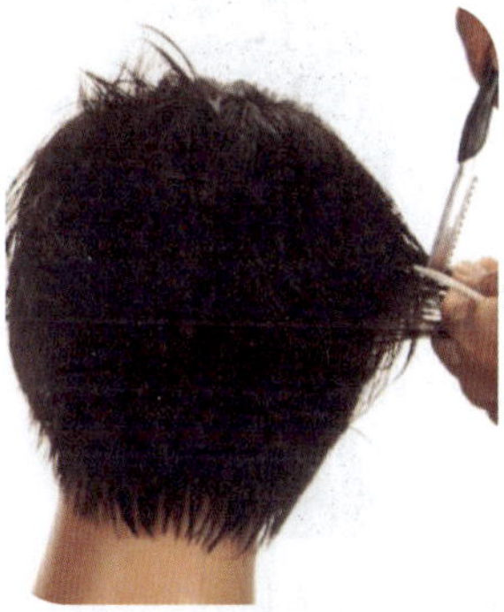

步骤 14 完成顶部头发削切后，手指夹住头发提拉，竖起削刀从发根向发梢方向削切，逐片向头部的其他部分慢慢移动削切，达到去薄效果。

步骤 15 削切完成后，用剪刀辅助成型，再检查整个头部的头发是否具有很强的通透感。

完成发型

注意事项

1. 时尚中长发应体现饱满的轮廓，利用层次的变化增加轮廓的通透感。
2. 在削切头发时注意削切的动作幅度和发片的提拉角度。

男式时尚长发综合修剪

操作准备

准备剪刀、牙剪、中号梳、围布、毛巾、围颈纸、夹子。

操作步骤

步骤 1　用围布、毛巾、围颈纸做好准备。在枕骨区进行三角分区，用鸭嘴夹固定。

步骤 2　从耳后部开始修剪层次，确定修剪发长。修剪时剪刀与发尾的纵向角度在 30° 以内，进行锯齿状修剪。

步骤 3　以前片头发为引导，以同样的手法对后部的另一片头发进行修剪，依次剪至另一侧耳后部。

步骤 4　两耳后部修剪完成后，提起后部发片用剪刀由上而下地调整两耳后部间的层次。

步骤 5 从前额角到枕骨下部，分出头发的上区和下区。

步骤 6 修剪两侧耳前部头发及层次，垂直分份修剪。

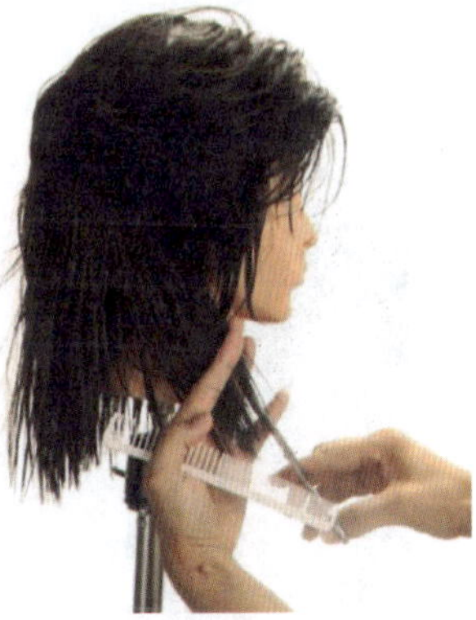

步骤 7 修剪耳后与耳前发尾的长度及层次。

步骤 8 修剪完成后，调整耳后与耳前头发层次使之相互衔接。

步骤 9 拉起前额中部发片，确定刘海的长度，修剪时发尾的发片块面呈锯齿状。

步骤 10 前额中部区域修剪完成后，分片向枕骨区方向逐片修剪。

步骤 11 前额中部至枕骨区修剪完成后，修剪右侧和左侧上部区域，方法与手法与前额中部至枕骨区相同。

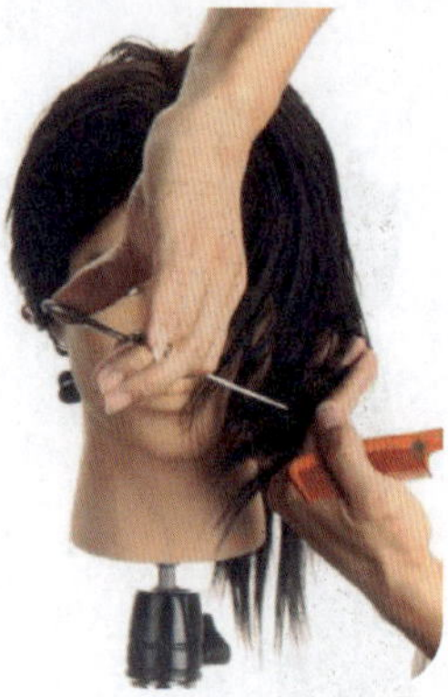

步骤 12 将完成后的刘海区域与脸际侧发逐片修剪使之相互衔接，修剪时发尾块面呈锯齿状。先修剪右侧再修剪左侧。

步骤 13 对修剪后的发尾做层次和发量的调整。

步骤 14 用牙剪调整发量，使发尾轻盈、飘逸。

完成发型

注意事项

1. 确定头发长短，一般在肩部以下 20 cm。
2. 头发的层次和脸形应搭配得体。
3. 注意增加顶部动感，以体现时尚感。

培训单元 2 女发修剪

培训重点

了解女发综合修剪的理念和技术要求。

了解各类波浪发型的修剪质量标准。

能够进行女式波浪发型和时尚发型修剪。

知识要求

一、女发综合修剪的理念和技术要求

1. 女式短发综合修剪的理念和技术要求

在修剪操作中，采用两种或两种以上的修剪方法进行交替或混合修剪，称为综合修剪。

女式短发的修剪通常采用高层次形（渐增层次形）加低层次形（边沿层次形）的综合修剪方法。每层头发具有高层次形与低层次形的混合特征：高层次形是一个完全不平滑的活动纹理，而低层次形能体现最大宽度及蓬松感。

技术要求：以所设计发型的重量区域（骨梁区）为界，将修剪区域分成上区（内区）和下区（外区）两个区，头顶内区进行高层次形修剪，外区进行低层次形修剪，在骨梁区以垂直头肌线 90°提拉（水平提拉）发片，选择上区和下区的汇合连接。

2. 女式中长发综合修剪的理念和技术要求

女式中长发的修剪通常采用等长层次形（均等层次形）加高层次形的综合修

剪方法。等长层次形也称球形层次，修剪时根据头形的弧度修剪成等长的头发长度，为了达到头发长度一致，必须以垂直头肌线 90°提拉发片，并且每片发片以头顶设计线为长度引导（设计线），进行中枢放射修剪，已修剪的每一片发片即成为下一发片的新的长度引导。进行高层次形修剪时，应由顶部最短处发长逐渐向后颈发际线处延伸。

技术要求：头顶内区修剪成等长层次形，外区修剪成高层次形，在骨梁区以 90°，水平提拉发片，与等长层次形长度汇合连接，做高层次形修剪。

3. 女式长发综合修剪的理念和技术要求

女式长发的修剪通常采用低层次形加高层次形的综合修剪方法。头顶内区进行低层次形修剪，外区进行高层次形修剪。低层次形修剪可获得最大宽度和蓬松感，从而与高层次形形成一个平滑和不平滑的纹理组合。

技术要求：以骨梁区为界分出上区（内区）、下区（外区）两个区，先从骨梁区开始修剪内区，以 90°水平提拉发片，确定发长后做向内 45°修剪。骨梁区以下做高层次形修剪，从后颈中间垂直分出一片发片，以 90°水平提拉发片，连接骨梁区和内区，最短发长斜向外 45°修剪出高层次形。

4. 女式时尚发型综合修剪的理念和技术要求

女式时尚发型的修剪通常采用低层次形加平直单一层次形（固体形）、不对称的时尚发型的综合修剪方法。时尚发型顾名思义，发型走在时代前端并具有引领作用，这要求美发师的修剪技术和设计理念随着时代发展而不断变化创新。

技术要求：以骨梁区为界分出上区（内区）、下区（外区）两个区，头顶内区修剪成低层次形，外区（耳后区）修剪成平直单一层次形。头顶内区左侧发长修剪至耳下（盖耳处），右侧发长与左侧发长在后脑区（骨梁区）连接，修剪成斜向前且发长逐渐增加至嘴角处。该发型特点前卫，具有时代感，在传统发型修剪的基础上有了新的突破，不对称的轮廓给人以标新立异的时尚美感。

二、提拉角度和层次的变化关系

在修剪发型的过程中，发片提拉角度的上升或移动，会直接影响层次效果。发型的层次效果是在提拉发片角度的变化中产生的，发片提拉越高层次越明显，提拉越低层次越不明显。在修剪操作时，应根据发型的设计要求和顾客发质、头形条件，把握发片提拉角度。

在修剪发型时，提拉起的头发与头部所形成的角度，决定了修剪的长度和层次纹理及发量。当头发自然下垂，即0°时，所产生的层次是一个固定的、发量厚重的平直单一层次形。将发片提拉至45°修剪时，随着角度和层次的上移，会产生低层次形结构。而当与头肌线以90°提拉发片修剪时，一个等长层次形结构便会产生。剪切的头发离头皮越远，发型整体结构的长度就会越长。所以，角度的提拉能使层次结构发生变化，形成各式各样的发式造型。

1. 长发

长发修剪时通常使用0°、45°、90°、120°的提拉角度。0°修剪的效果是一个平直单一层次形，没有动感。45°修剪的效果体现了一个自然的边沿层次，稍有动感。90°修剪的效果体现了长发的自然动感，层次均等。120°修剪的层次较高，动感很强烈。

2. 短发

短发修剪时的提拉角度基本与长发相同，只是在层次效果变化上更加明显，例如，90°修剪将会呈现一个圆的形状。

三、女式长发、中长发、短发波浪的修剪质量标准

1. 长发波浪的修剪质量标准

（1）长度方面。常规长发波浪的发长在肩膀以下20 cm左右。

（2）层次方面。长发波浪的层次不宜太明显，过高的层次会使波浪散乱。

（3）造型方面。波浪之间的连接自然流畅，浪峰和浪尾无外翻。

2. 中长发波浪的修剪质量标准

（1）长度方面。常规中长发波浪的发长在肩膀以下5 cm左右。

（2）层次方面。中长发波浪的层次不宜太明显，过高的层次会使波浪散乱。

（3）造型方面。波浪之间的连接自然流畅，浪峰和浪尾无外翻。

3. 短发波浪的修剪质量标准

（1）长度方面。常规短发波浪的发长在肩膀以上。

（2）层次方面。短发波浪的层次不宜太明显，过高的层次会使波浪散乱。

（3）造型方面。波浪之间的连接自然流畅，浪峰和浪尾无外翻。

四、修剪技术问题的解决方法

1. 修剪好的发型得不到顾客的认可

原因：在发型修剪前沟通工作没做好。

建议：在发型修剪前要充分与顾客沟通，了解顾客的想法和要求，同时掌握顾客的头形、体形、头发生长的流向及发量的状况，在修剪过程中根据实际情况运用相应的修剪手法，采用适当的措施，获得理想的发型视觉效果。

2. 修剪好的发型不服帖

原因：在发型修剪前未掌握发质情况。

解决方法：又粗又硬、量又多的头发如果处理不当，会造成发型不服帖。处理粗硬量多的头发时，在洗发的时候就要用护发素使发质变柔软。修剪时应由上而下用斜剪或滑剪的手法将发量去除，可以在骨梁区发根处多剪去一些发量以减少膨胀感，尽量减少头发表面纹理。只有合理地采用特殊的修剪技巧才能获得理想的视觉效果，例如：不能采用扩大表皮层的切断面，少用削发刀；即使需要减少发量，削发的层次也不能暴露在表面，应该用牙剪在内层进行横向或斜向削；在对发根部进行处理时，用梳子将头发挑起，牙剪在近根部处插入，轻轻地夹剪，然后再视发质情况确定下一步的操作方法。

3. 修剪好的发型不精准、粗糙

原因：没有充分了解发型的结构，修剪时没有科学合理分区，修剪操作不规范、不细致。

建议：所有的发型都有自己的结构，不同结构的分区和修剪方法各不相同。分区头发提取的角度、提拉发片的角度、修剪的角度都会影响发型的精准度。初剪好的发型还要反复检查调整才能成为精品。

技能要求

女式经典长发波浪的修剪

操作准备

准备剪刀、牙剪、削刀、木梳、围布、毛巾、夹子。

操作步骤

步骤 1 用围布、毛巾做好准备。将头发分成 4 个区域。

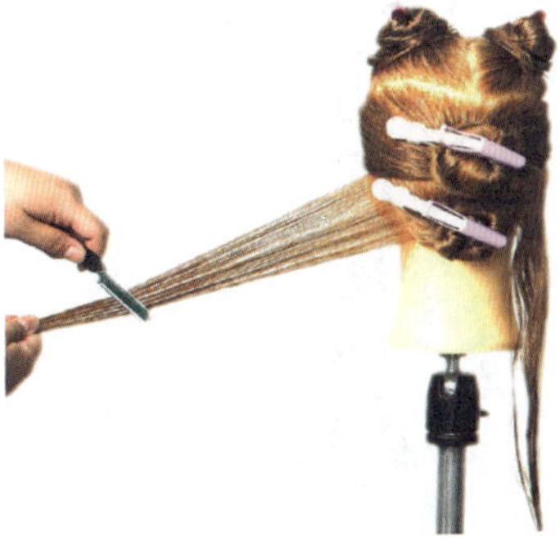

步骤 2 从左后侧最下一片发片开始，提拉 45°用削刀向发梢处削剪。

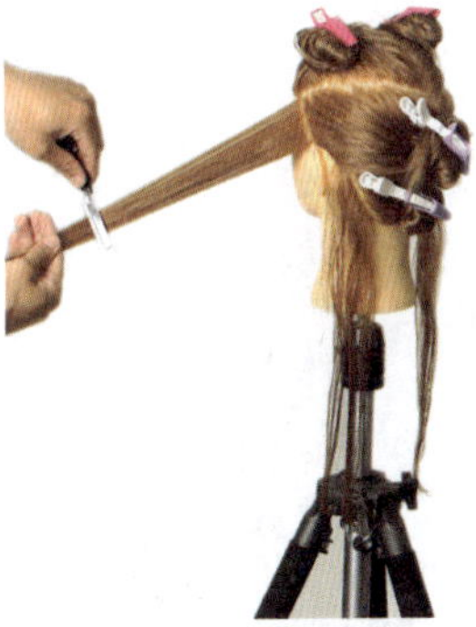

步骤 3 左上侧的头发也提拉 45°削剪。

步骤 4 中部的头发以后部底线为引导，提拉发片 45°削剪。

步骤 5 以同样的角度，同样的方法，逐步往右后侧移动并削剪。

步骤 6 顶部头发同样以下一层的头发为引导，提拉 45°发片向发梢处移动并削剪。

步骤 7 左前侧的发片，以剪过的头发为引导，以同样的方法进行削剪。

步骤 8 右前侧头发也以同样的方法进行削剪。

步骤 9 整个头部的头发削剪完以后，进行适当的调整。

步骤 10 将所有头发提拉至顶部做检查，用剪刀修剪多余部分。

步骤 11 用牙剪进行发尾的调整，发尾要求有参差的层次感。

步骤 12 对整个头部的头发进行发尾处理。

完成发型

注意事项

1. 外轮廓为圆弧形状。

2. 削刀与发片以 30°角削剪。

3. 用削刀削剪出的头发效果要自然。

4. 所有头发发尾必须呈笔尖状。

女式现代长发波浪的修剪

操作准备

准备剪刀、削刀、木梳、围布、毛巾、夹子。

操作步骤

步骤 1　用围布、毛巾做好准备。将头发分成上下两大区域。

步骤 2　将下区最上层的头发进行 30°下拉修剪，留发的长度要符合长发波浪发型的发长要求。

步骤 3 以同样的方法修剪下区后部头发。

步骤 4 耳前侧的头发以后面的头发为引导，修剪两侧的轮廓长度。

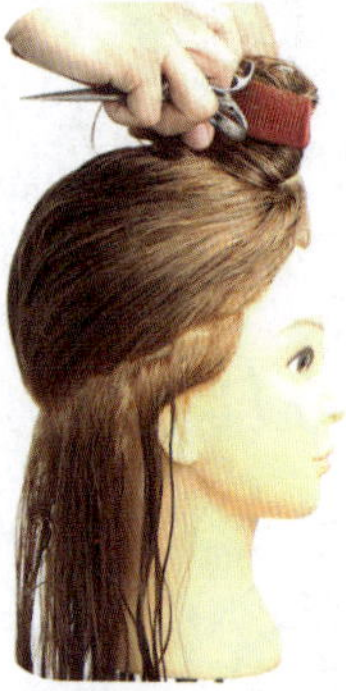

步骤 5 下区头发修剪完成后，将上区的头发逐片放下并进行逐层修剪。

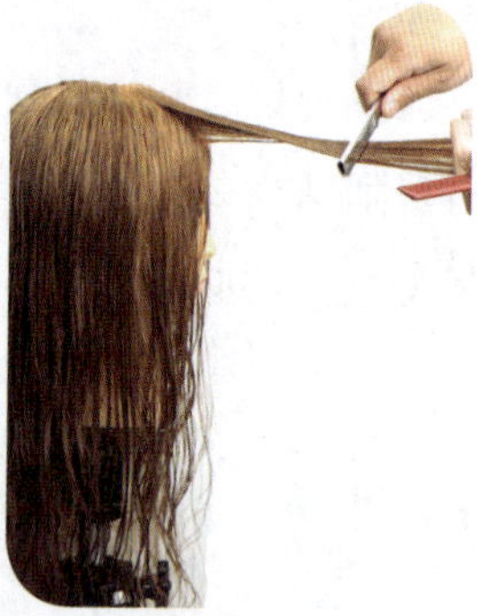

步骤 6 周围头发修剪完成后，对刘海用削刀进行削剪。

步骤 7 修剪完成以后对两侧发尾进行处理。

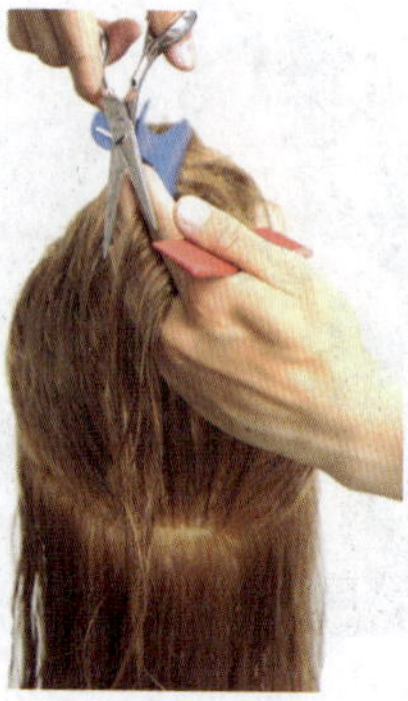

步骤 8 以抓剪的方法对后部头发进行修剪。

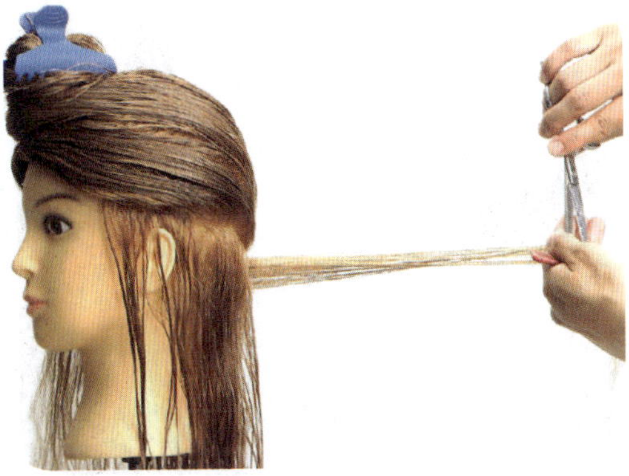

步骤 9 对后部头发的发尾进行处理。

步骤 10 对两鬓头发的发尾进行处理。

步骤 11 对顶部头发进行修剪，顶部头发与刘海和后部头发相衔接。

步骤 12 对顶部的头发进行层次和发量调整。

步骤 13 对顶部的头发进行发尾调整。

步骤 14 对刘海区域的头发进行层次调整。

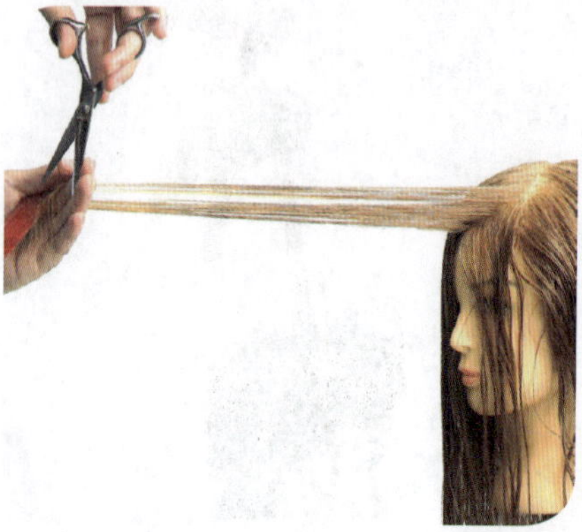

步骤 15 将两侧头发提拉至中间修剪，使刘海区域头发连接两侧及后部头发。

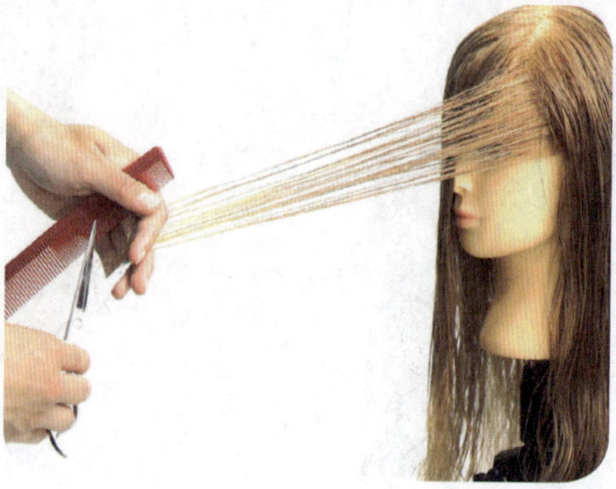

步骤 16 对两侧头发的发长进行调整。

步骤 17 以滑剪的方式去除发量，在去发量时层次过渡要自然。

完成发型

注意事项

1. 现代长发波浪较经典长发波浪应更自然。
2. 现代长发波浪在层次方面也较经典长发波浪应更明显，更能体现动感。

女式经典短发波浪的修剪

操作准备

准备剪刀、削刀、木梳、围布、毛巾、夹子。

操作步骤

步骤 1 用围布、毛巾做好准备。划分修剪区域，并用夹子固定。

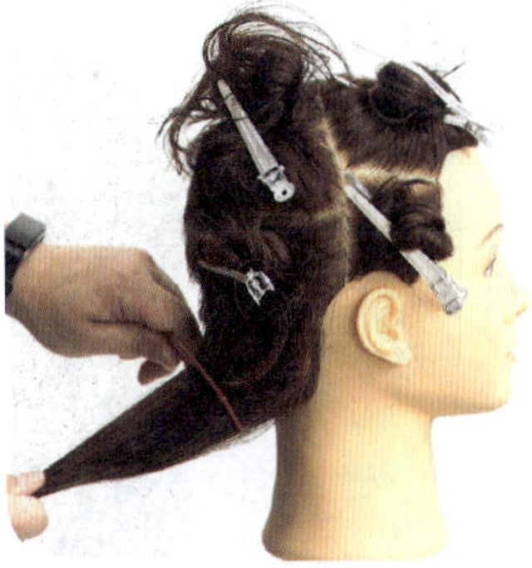

步骤 2 取后部区域下部的头发梳顺。

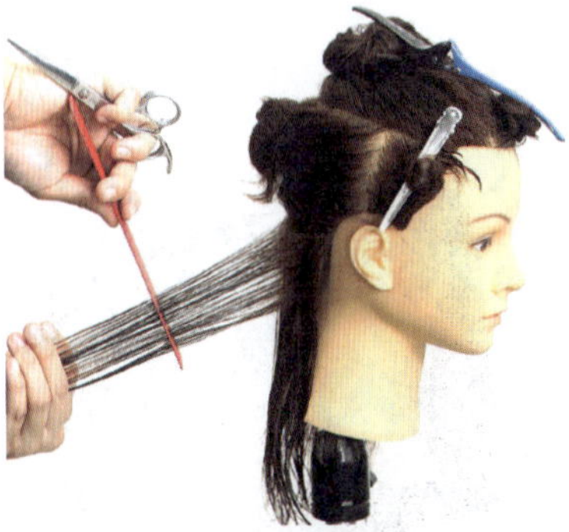

步骤 3 取后部区域下部的下层发片并确定头发的修剪长度后进行修剪。

步骤 4 以前一片头发为引导，逐步移向左侧和右侧进行修剪。

步骤 5 以后部区域修剪发片为引导，采用同样手法修剪中部区域的头发。

步骤 6 再以中部区域修剪发片为引导，以同样手法修剪顶部区域的头发。

步骤 7 顶部区域的头发从后向两侧分别修剪。

步骤 8 对左侧和右侧的头发用削刀进行削剪。

步骤 9 对修剪后的头发进行发量层次调整。

步骤 10 检查发长是否符合发型要求。

步骤 11 对顶部头发进行去发量修剪。

步骤 12 对刘海区域头发进行层次和发量的修剪与调整。

完成发型

注意事项

1. 外轮廓为圆弧形状。
2. 用削刀削剪出的头发效果要自然。
3. 所有头发发尾必须呈笔尖状。

女式现代短发波浪的修剪

操作准备

准备剪刀、木梳、围布、毛巾、夹子。

操作步骤

步骤 1 用围布、毛巾做好准备。将头发进行修剪区域划分。

步骤 2 从最下层拉起发片，确定头发的长度后进行修剪。

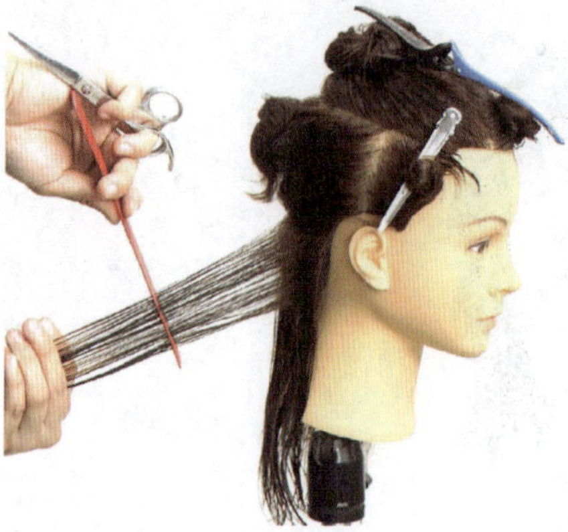

步骤 3 以前一发片为引导，修剪底部轮廓。

步骤 4 底部轮廓完成后向两侧修剪。

步骤 5 修剪中部区域的左侧头发。

步骤 6 修剪中部区域的头发。

步骤 7 修剪中部区域的右侧头发。

步骤 8 将顶部区域的夹子去除。

步骤 9　对顶部区域进行修剪。

步骤 10　顶部修剪完成后对刘海的左侧进行修剪。

步骤 11　对刘海的右侧进行修剪。

步骤 12　剪出刘海的长度。

步骤 13　对刘海的发量进行滑剪处理。

步骤 14　采用滑剪的方式去除一些发量，注意不要去除太多。

步骤 15 运用滑剪的方法对刘海进行调整。

完成发型

注意事项

1. 合理确定发长。

2. 层次方面不宜太高，否则做出的卷会太乱。

3. 发尾处的厚薄处理要得当，太薄或太碎会让发型没有立体感，太厚则体现不出动感。

女式时尚发型综合修剪

操作准备

准备剪刀、木梳、围布、毛巾、夹子。

操作步骤

步骤 1 用围布、毛巾做好准备。根据发型要求进行区域划分。

步骤 2 从底部中间开始修剪，确定修剪长度，提拉发片角度小于90°，修剪出底部轮廓。

步骤 3 以修剪完成的头发为引导，依次修剪完成枕骨以下部分。

步骤 4 再垂直分份移向左右耳侧进行修剪。

步骤 5 以底部轮廓为引导修剪中间部分，修剪时发片提拉小于 90°。

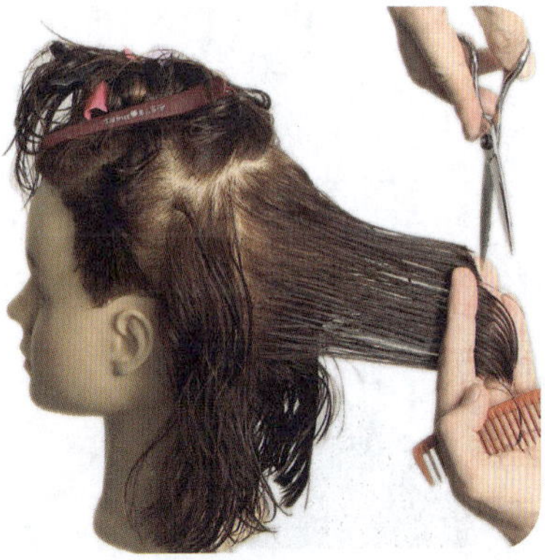

步骤 6 以中部修剪发片为引导移至左侧修剪。

步骤 7 以中部修剪发片为引导移至右侧修剪。

步骤 8 分出鬓角的头发，向前提拉发片 45° 确定修剪长度，修剪一个和后面连接的层次。

步骤 9　两侧提拉同样角度后进行修剪。

步骤 10　在后顶部垂直分出一片发片进行提拉修剪。

步骤 11　修剪顶部，以放射方式提拉发片修剪出一个动感区，提拉角度 90°或大于 90°。

步骤 12　顶部和中部头发进行连接修剪。

步骤 13　修剪前额侧角的头发。

步骤 14　分出刘海区域，第一片头发以 0°平行修剪。

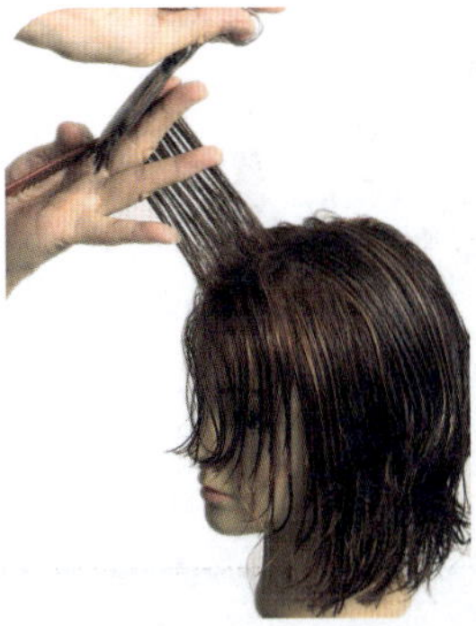

步骤 15 依次向后延伸，角度逐渐向上提拉修剪刘海，去除一些发量。

完成发型

注意事项

1. 发型设计时要构思好发型层次与结构。

2. 在修剪发型时提拉角度要一致，否则会使发型的左右、前后长度不一样，直接影响发型的整体效果。

培训项目 2 烫发

培训单元 1 卷杠与卷杠手法的选择

培训重点

了解烫发排列技术和烫发基面技术。

掌握基面与卷杠的选择方法。

知识要求

一、烫发排列技术

发型由众多发丝组成的线条构成，发丝线条结构的变化很多，如线条的流向、虚实、曲直等，为发型设计提供了条件。烫发除了改变发质，增加头发的弹性和张力之外，更重要的是改变头发线条的形态。各种不同的卷杠和卷杠方法是烫发操作中改变头发形状的重要工具和手段，卷杠排列的方向、位置、角度以及用杠的组合等，都会对烫发造型效果产生影响。

1. 递进排列法

递进排列法是将卷杠按直径由大到小或由小到大排列烫发，形成一种由小到大或由大到小的卷发纹理，突出设计重点。递进排列法如图 2–4 所示。

2. 交替排列法

交替排列法运用同一形状但直径不同的卷杠，每两个为一组交替排列烫发，用来模仿自然卷曲交织的发型。交替排列法如图 2–5 所示。

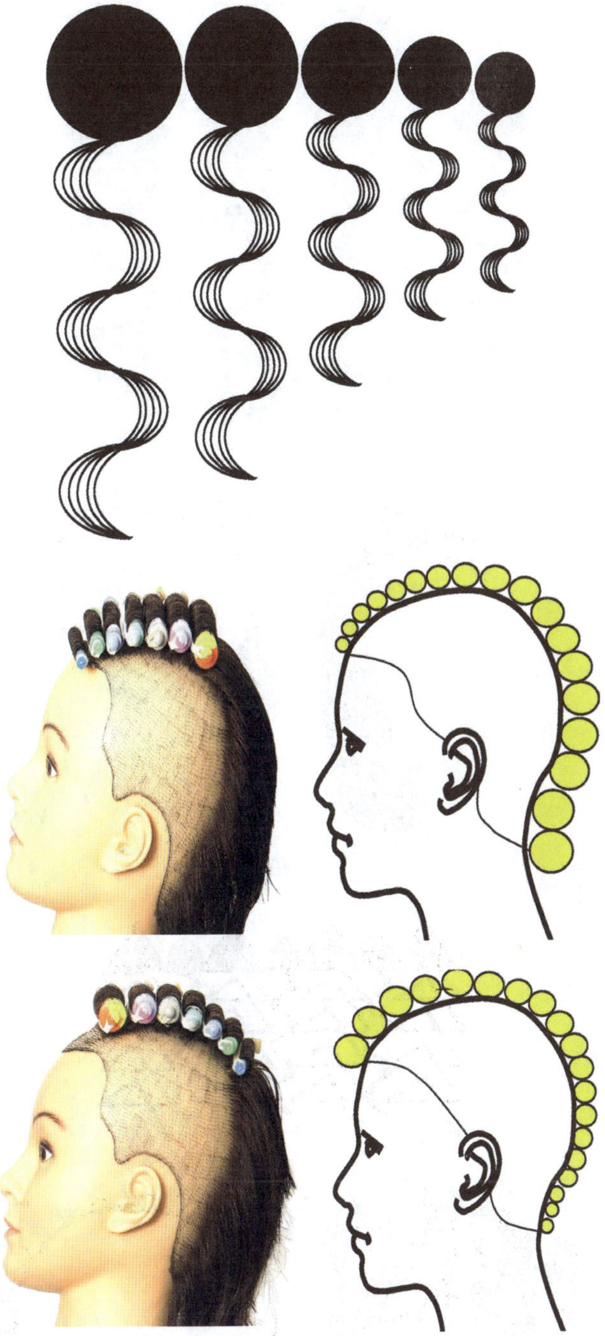

图 2-4　递进排列法

3. 对比交替排列法

对比交替排列法依照顺序交替使用两个或两个以上形状大小不同的卷杠排列烫发，产生变化极其丰富的造型效果。对比交替排列法如图 2-6 所示。

图 2-5　交替排列法

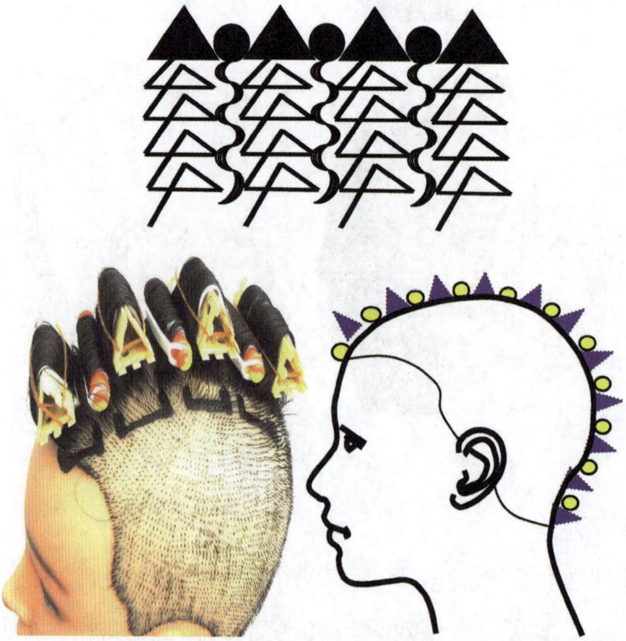

图 2-6　对比交替排列法

二、烫发基面技术

烫发基面影响着烫发的最终效果和烫发的设计理念。不同的卷杠有不同的基面，会产生不同的烫发造型。

1. 基面

基面是指头发根部分出发片的卷杠块面。基面的大小是由卷杠的长度和直径决定的，基面的形状则根据发型设计要求确定。烫发基面可分为等基面（1.0 个基面）、倍半基面（1.5 个基面）、双倍基面（2.0 个基面）。

（1）等基面。等基面是指分份发片的宽度和厚度与所用卷杠的长度和直径相同，如图 2-7 所示。

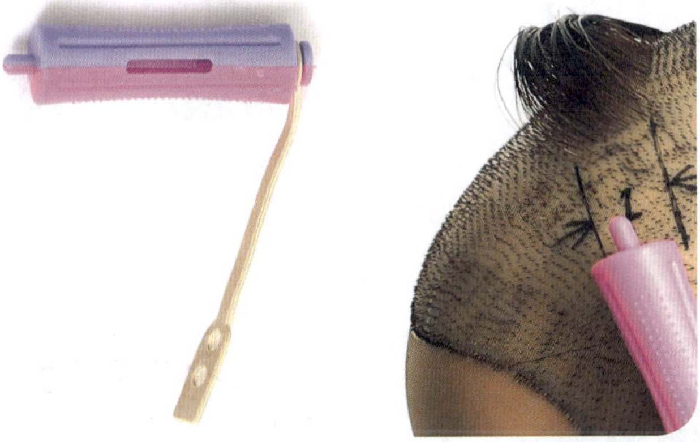

图 2-7　等基面

（2）倍半基面。倍半基面是指分份发片的厚度是所用卷杠直径的 1.5 倍，如图 2-8 所示。

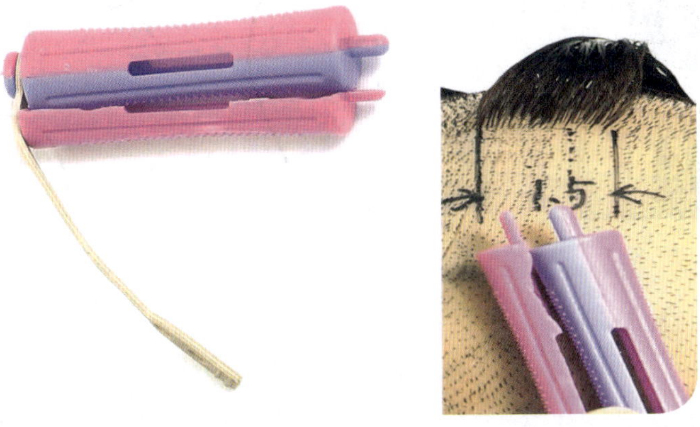

图 2-8　倍半基面

（3）双倍基面。双倍基面是指分份发片的厚度是所用卷杠直径的两倍，如图 2–9 所示。

图 2–9　双倍基面

2. 三角形基面

三角形基面是指分份发片的基面划分形状为三角形，如图 2–10 所示。

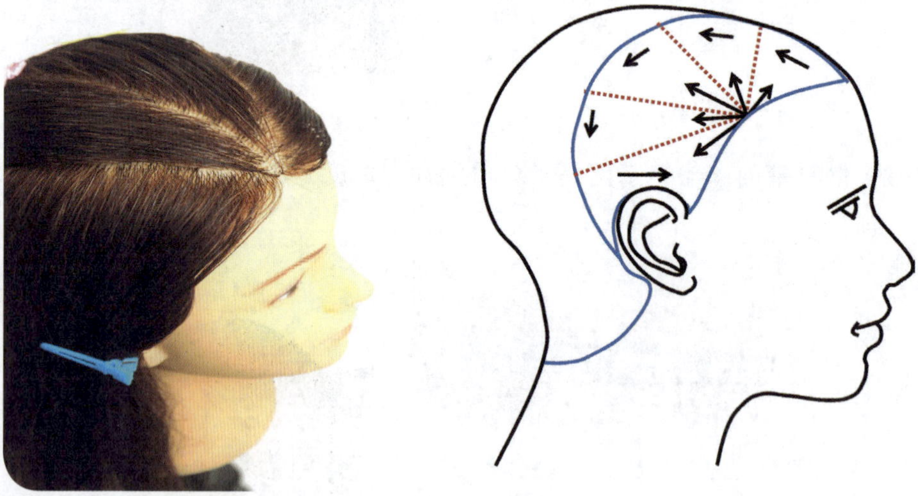

图 2–10　三角形基面

3. 斜长方形基面

斜长方形基面是指分份发片的基面划分形状为斜长方形，如图 2–11 所示。

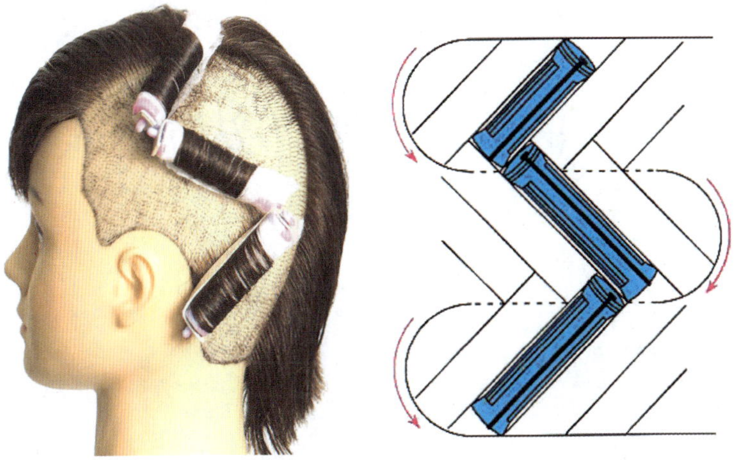

图 2–11　斜长方形基面

三、基面与卷杠的选择

卷杠有很多种，通常会用 1 号杠、2 号杠、3 号杠、4 号杠、5 号杠等编制卷杠的型号，每个型号代表着卷杠直径的尺寸，即卷杠的粗细。卷杠的直径直接影响头发的卷曲度和最终的烫发效果。卷杠型号与头发卷曲度的关系如图 2–12 所示。每一种卷杠都有它的特点，可以形成的纹理不同，烫后的发型效果也有所不同。

不同的卷杠需要选择不同的基面，大致有基面上、基面外、半基面三种。基面上是指卷杠放在基面上。基面外是指卷杠完全放在基面之外。半基面是指卷杠的一半在基面的后半部分，另一半在基面之外。

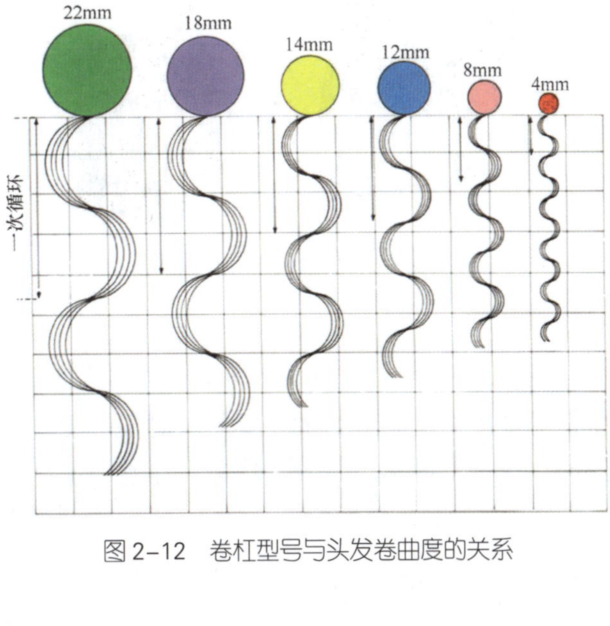

图 2–12　卷杠型号与头发卷曲度的关系

培训单元 2　卷烫方法的选择

培训重点

了解各种卷烫方法的特点。

能够进行锡纸烫、浪板烫和柔顺烫操作。

知识要求

一、特殊烫发技术

1. 根部烫发

烫过的头发时间久了，发根会长出直发，要使头发发根蓬松，增加支撑力，可以使用根部烫发（见图 2–13）。操作时将一束头发由根部开始卷绕到卷杠上，卷绕到所需要的位置时停止，并加以固定。采用普通排卷或扇形排卷方法均可。

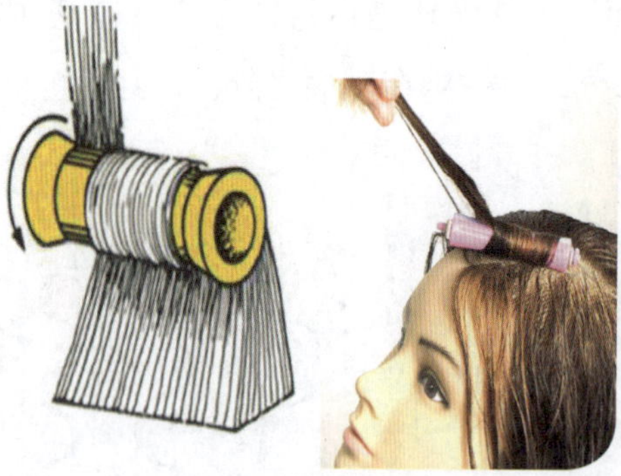

图 2–13　根部烫发

2. 挑烫

挑烫（见图 2–14）是根据发型设计的需要，选用不同的卷杠，把一组头发间隔地挑出几小束，对挑出的发束进行烫发操作。对于头发较多的，挑束不宜过多；对于头发较少的，挑束可以多一点，这样可以使头发蓬松，以弥补头发稀少的缺陷。

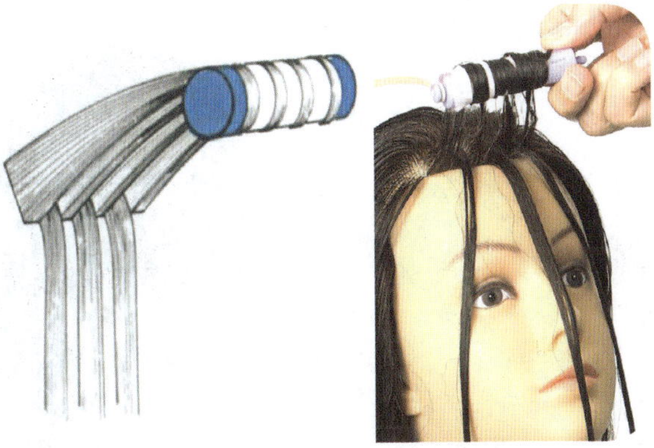

图 2–14　挑烫

3. 局部烫

根据发型的特殊设计要求，可选择不同的局部烫技术（见图 2–15），可以采用块面的局部烫，也可以根据头发长度采用分段烫。所谓的分段烫就是发根是直的，而发尾是卷曲的，因此也叫发尾烫，这种方法通常适合于中长发和长发，能使发尾比较丰满。

图 2–15　局部烫

二、卷烫方法

1. 三角烫

三角卷杠是一种用塑料制成的三角形卷杠。因为三角形卷杠有棱角，所以烫发后有明显的三角形纹理，头发蓬松有个性，适用于舞台造型。操作方法与普通卷杠相同，横卷、竖卷、斜卷都可以。三角卷杠及其使用示意图如图 2–16 所示。

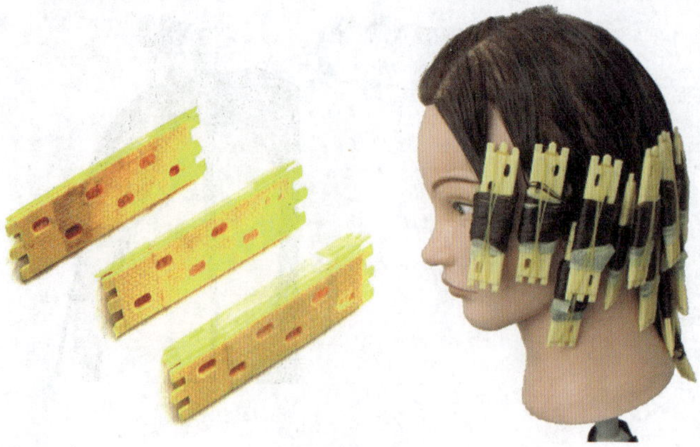

图 2–16　三角卷杠及其使用示意图

2. 浪板烫

浪板烫可使头发呈现规则的波纹形，适合长发，这种发型能显示女性高雅、大方的气质。操作方法是从后发际线开始，分出发片，把头发平铺在浪板夹下夹板上，再用上夹板压住头发，以橡皮筋固定。浪板夹为波纹形状的塑料夹，其使用示意图如图 2–17 所示。

图 2–17　浪板夹及其使用示意图

3. 革命烫

革命烫卷杠是用塑料制成的长棒，烫后头发不用吹风，可用固发、润发用品自然造型，适用于长发。操作方法是将头发分区、分份成小束，然后缠绕在革命烫卷杠上面，卷至发尾后，用专用的烫发皮筋固定。革命烫卷杠及其使用示意图如图 2–18 所示。

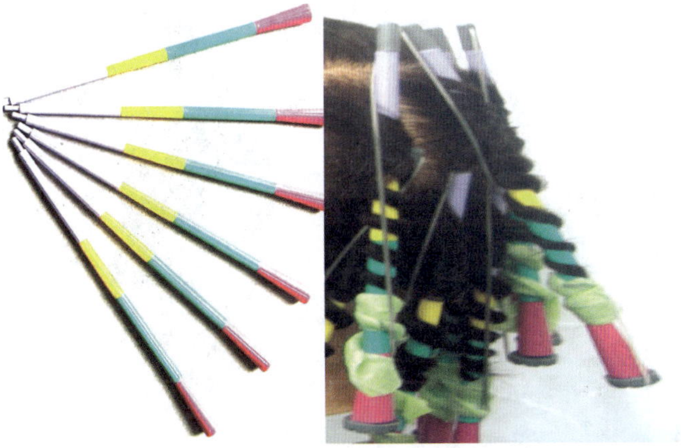

图 2-18 革命烫卷杠及其使用示意图

4. 拐子烫

拐子杠用塑料制成，呈 U 形，适用于长发，烫后不用吹风，有一定的弹性，并形成螺旋花纹。操作方法是将头发分成一小束，交叉缠绕在 U 形拐子杠两边，卷至发尾后用杠子上的发箍固定。拐子杠及其使用示意图如图 2-19 所示。

图 2-19 拐子杠及其使用示意图

5. 锡纸烫

锡纸烫烫发区域的基面可根据发型需要进行划分，每束头发涂上烫发剂后用锡纸包裹住，再将包裹的锡纸拧紧，拧紧后似麻绳状直立在头皮上，卷后的锡纸卷可随意摆放。锡纸与锡纸烫示意图如图 2-20 所示。

6. 柔顺烫

柔顺烫是先将头发进行软化处理，再把头发吹成微弯的弧线后上定型剂，烫后发型会呈现自然柔顺的效果。柔顺烫板及其使用示意图如图 2-21 所示。

图 2–20　锡纸与锡纸烫示意图

图 2–21　柔顺烫板及其使用示意图

三、烫发注意事项

1. 烫发前，应将头发弄潮湿，使其保持一定的水分，否则不利于卷杠操作。
2. 刘海区、发际处、鬓角区要采取保护措施。
3. 烫发卷杠的种类、大小、排列方式等的选择要符合发型设计要求。
4. 烫发操作时，发尾要顺畅，不宜弯折卷绕。

技能要求

锡　纸　烫

操作准备

准备尖尾梳、夹子、烫发剂、中和剂，锡纸、刷子、烫发围布、毛巾、披肩。

操作步骤

步骤 1 用围布、毛巾、披肩做好准备。将头发以 2 cm 的宽度从前额划分至后发际线处并用夹子固定。

步骤 2 取下固定的夹子，用尖尾梳挑出 2 cm 的发片。

步骤 3 将准备好的锡纸垫在发片的发根部。

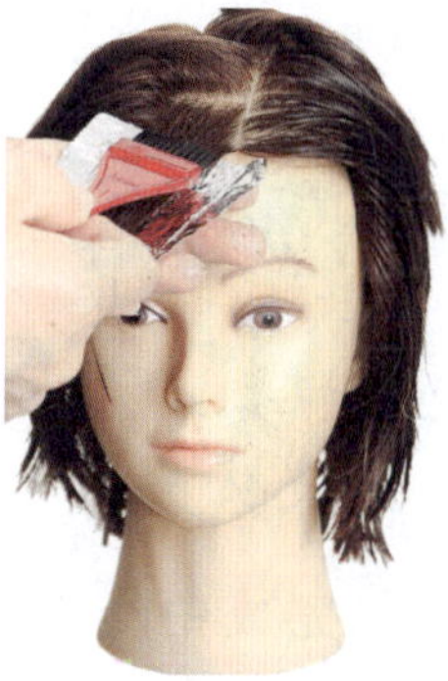

步骤 4 将发片平贴在锡纸上并用手指夹住，用刷子均匀地涂上烫发剂。

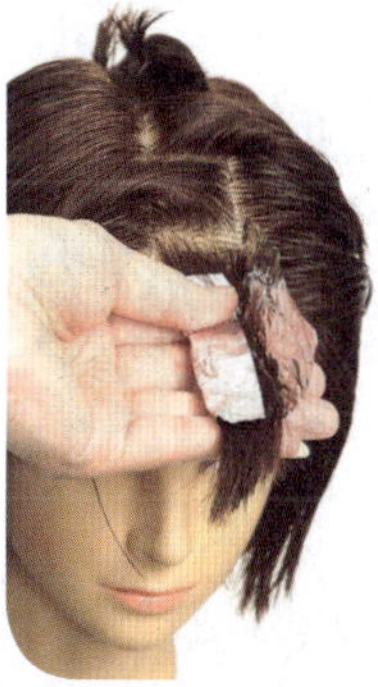

步骤 5 涂好烫发剂后，用锡纸的左侧和右侧折叠包裹住发片。

步骤 6 左手捏住发根部的锡纸，右手旋转锡纸，使锡纸内的头发扭转。

步骤 7 扭转完成后自然摆放锡纸卷并进行下一发片操作。

步骤 8 完成额前部的操作后，继续完成头顶部、脑后部直至后发际线处的操作。

步骤 9 完成中线发区锡纸卷操作。

步骤 10 将鬓角区的发片梳理通顺后，垫上锡纸并用手捏住。

步骤 11 将烫发剂涂刷在锡纸上的发片上。

步骤 12 均匀地涂好烫发剂后，用锡纸左侧和右侧折叠包裹住发片，用左手拇指与食指捏住发根部，右手旋转锡纸，使锡纸内的头发扭转。

完成操作，按要求涂烫发剂、中和剂，拆卷，冲洗。

注意事项

1. 锡纸烫的卷烫基面是 2 cm 的方块形，基面太大会影响发根的头发卷度。
2. 卷锡纸的时候要有力度，否则烫后的头发将缺少弹性。
3. 头顶部的锡纸卷垂直头皮摆放，四周的锡纸卷自然摆放。

浪 板 烫

操作准备

准备尖尾梳、夹子、烫发剂、中和剂、浪板夹、橡皮筋、烫发围布、毛巾、披肩。

操作步骤

步骤 1 用围布、毛巾、披肩做好准备。根据浪板烫的操作要求进行分区。

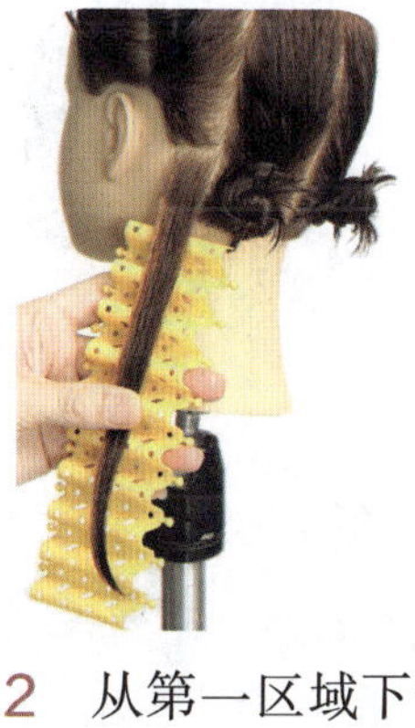

步骤 2 从第一区域下部分出一片发片，垫上浪板夹下夹板并用手固定住。

步骤 3 取一块浪板夹上夹板。

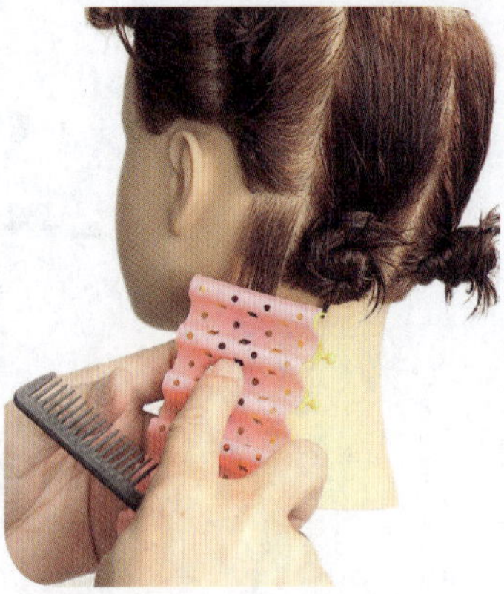

步骤 4 将浪板夹上夹板盖在浪板夹下夹板上。

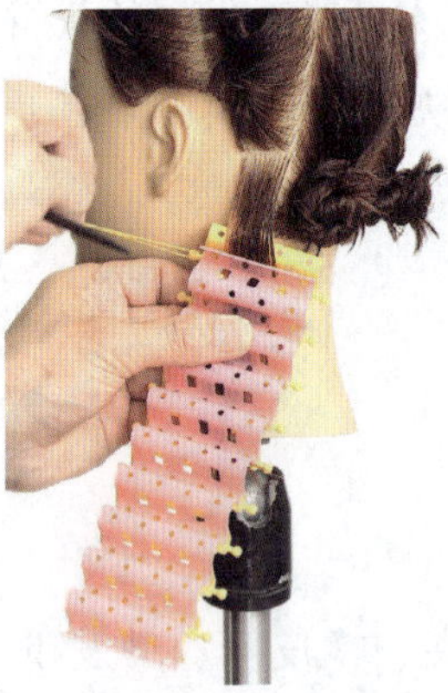

步骤 5 上下夹板夹住头发后用橡皮筋先固定靠根部的夹板。

步骤 6 取一根橡皮筋先套住左侧浪板上的突出点。

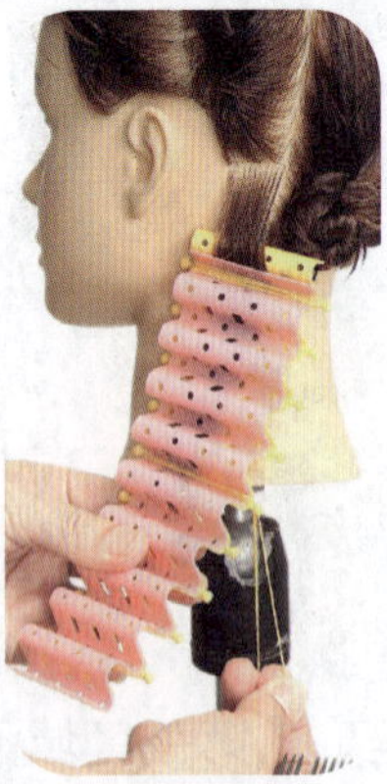

步骤 7 将套好的橡皮筋拉向右侧，并在右侧的突出点上绕一圈。

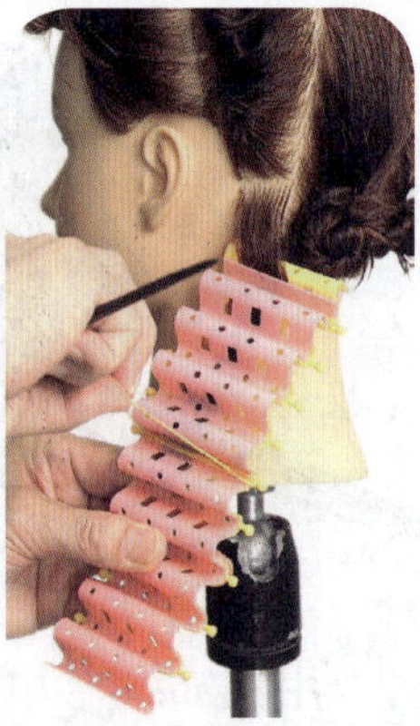

步骤 8 将突出点绕好以后的橡皮筋拉向左侧并套在左侧突出点上。

步骤 9 浪板夹固定好以后，要用手指将夹板捏紧，让头发紧贴在浪板夹上。

步骤 10 完成第一块浪板夹的操作。

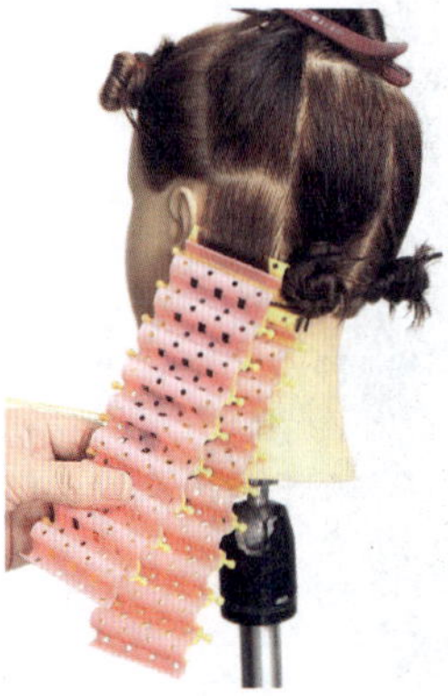

步骤 11 从第一区域中分出第 2 片发片进行同样的操作。

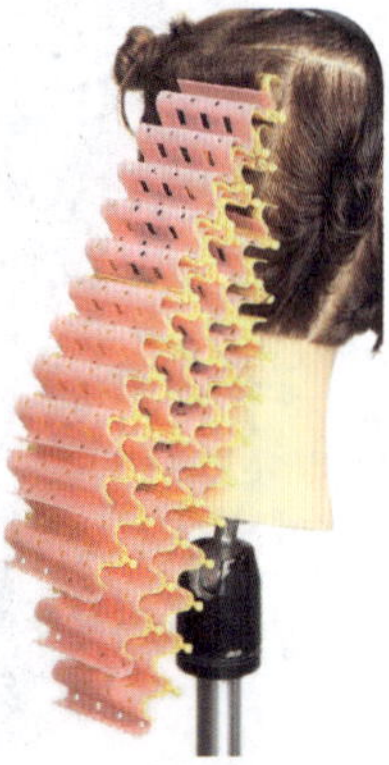

步骤 12 按照以上的操作程序，将第一块区域的头发逐片完成。

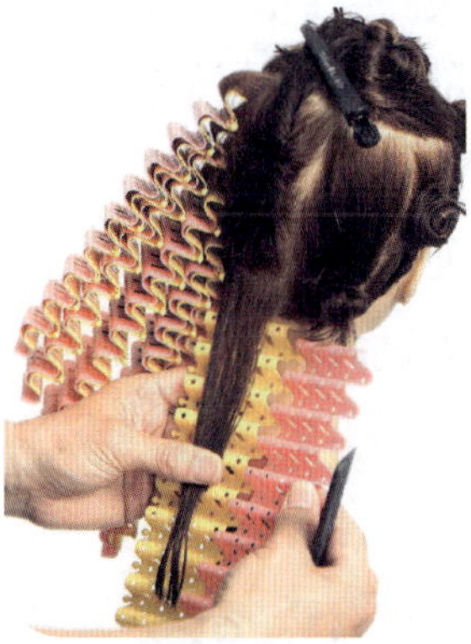

步骤 13 进行第二区域的操作，操作时也是从最下层开始，操作方法同上。

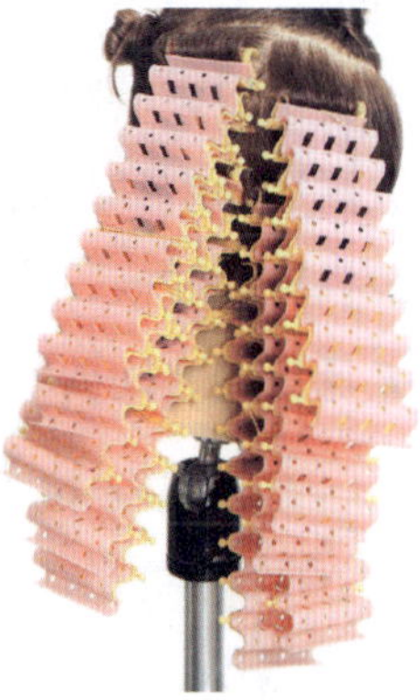

步骤 14 完成第二区域的操作后，继续完成其他区域的操作。

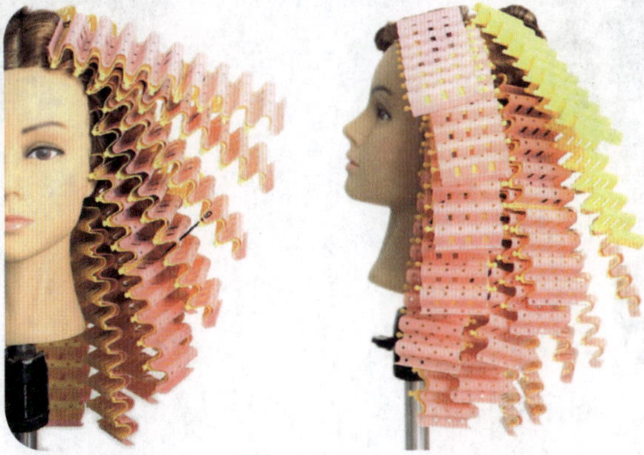

完成操作，按要求涂烫发剂、中和剂，拆卷，冲洗。

最终烫发效果

注意事项

1. 浪板夹固定后，一定要捏紧，这样可使烫后的波浪更加清晰。
2. 在涂烫发剂与中和剂的时候，一定要涂到位，千万不能漏涂。
3. 在上浪板夹的时候，头发一定要拉直拉顺，使头发平整，不宜过紧或过松。
4. 浪板夹与头皮之间要有一定的距离，否则拉力过大会使头皮感到不舒服。

柔 顺 烫

操作准备

准备尖尾梳、夹子、柔顺膏、中和剂、柔顺烫板、刷子、烫发围布、毛巾、披肩。

操作步骤

步骤 1　用围布、毛巾、披肩做好准备。将头发分成 5 个区域并用夹子固定。

步骤 2　在头部的左后侧区域分一片发片。

步骤 3　将发片头发梳顺，平放在柔顺烫板上，用手指固定。

步骤 4　将柔顺膏涂刷在发片上，涂刷时要用力往下压。

步骤 5　柔顺膏从发根处涂刷至发尾，涂刷时要均匀，涂刷后要将头发梳顺压平。

步骤 6　完成涂刷操作后用夹子固定，避免柔顺烫板滑落。

步骤 7 继续第 2 片发片的操作。

步骤 8 完成第 1 区域后继续第 2 区域的操作。

步骤 9 继续其他区域的操作，直至完成整个头部的操作。

完成操作，按要求涂中和剂，拆卷，冲洗。

注意事项

1. 分区及挑发片的时候，发片宽度不能超过柔顺烫板的宽度，发片不宜太厚。

2. 涂柔顺膏的时候不要涂在头皮上，应离开头皮 1 ~ 2 cm 距离，涂抹时刷子用力刷透。

3. 涂完柔顺膏后，每片发片要梳顺并贴紧柔顺烫板。

培训项目 3 造型

培训单元 1　男式发型吹风梳理

培训重点

掌握发式造型的设计要领。

了解各类男式发式造型的标准。

能够进行男式低色调波浪造型和时尚造型。

知识要求

一、发式造型的设计要领

发式造型是一门综合性艺术。在设计与操作过程中，不仅要考虑顾客的脸形、身材，还必须考虑顾客的个性、年龄、职业、季节、场合等诸多因素。

1. 发型与个性

个性即人的性格。所谓性格，就是表现一个人的态度和行为等方面比较稳定的心理特征。有的人活泼，有的人文静；有的人孤傲，有的人谦和；有的人刻板，有的人热情。一个人的举止、打扮和兴趣爱好是和他的性格有密切联系的。只有了解顾客的性格才能设计出与其相协调的发型，才能表现出发型与个性的和谐统一。

2. 发型与年龄

发型与年龄的配合是美发师在设计发型时不可忽视的一个因素。不同年龄的人对美的认识是有很大差异的，一代人有一代人特定的审美。在发型方面，不同年龄客户群之间的差别非常明显。

3. 发型与职业

不同职业对发型的要求也有所不同。美发师应根据顾客的职业特点和职业需求，设计出适合职业特征的个性化美观发型。

4. 发型与季节

人们的穿着会随着季节变化而发生改变，发型也需要根据不同的季节特点和服装风格等来进行设计。

5. 发型与场合

婚礼、宴会、表演等不同场合，对发型的要求各有不同。发型一定要与场合、环境、氛围相吻合，还要符合时代、潮流的变化，适应当代审美要求。

二、男式低色调波浪造型概述

1. 男式低色调波浪造型的基本概念

（1）男式低色调波浪造型的外形轮廓。男式低色调波浪造型的外形轮廓呈方中带圆的饱满圆弧形，顶部、左右两侧的表面为较饱满自然的圆弧面，正面外轮廓线由三条较饱满的圆弧形线条组成，两侧与顶部相交处以饱满的圆弧线相连，侧面外轮廓线（前额正中至后颈部正中）由饱满的圆弧形线条构成，线条简洁明快。男式低色调波浪造型如图 2-22 所示。

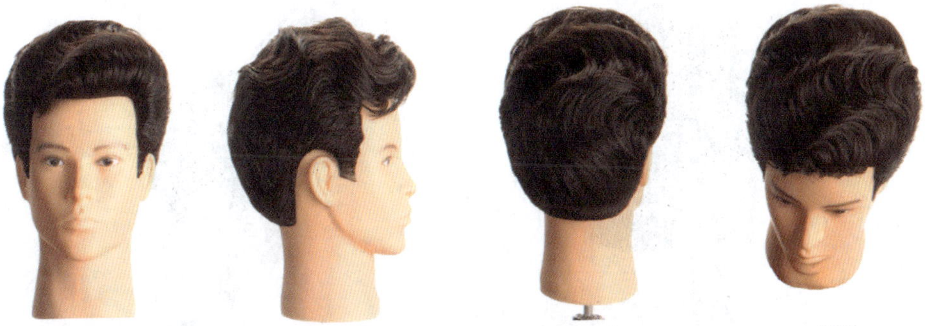

正面　侧面　后面　顶面

图 2-22　男式低色调波浪造型

（2）男式低色调波浪造型的纹理。男式低色调波浪造型的波浪以斜向排列为佳，每道波浪的宽度要一样，浪谷和浪峰的跌宕起伏要明显，要体现出造型的三度空间：高度、深度和广度。跌宕起伏的浪谷和浪峰体现男性的阳刚之美，与自然弯曲的弧形发丝产生的柔和之感相融，刚柔相济，线条流畅。额前大波浪弧形向下，轻拂额角，极富动感。整个发式造型优美，显示出现代青年富有朝气的时代美。

2. 男式低色调波浪造型的基本方法

在吹梳男式低色调波浪造型时应充分发挥木梳的作用，用木梳侧边将发丝向前提拉，吹风机向下滚吹、旋转，吹松发根，松弛发卷，顺向吹出 S 形状。用木梳配合吹风机可运用以下六种方法。

（1）按。将木梳按在浪心里，吹热风，可使波浪紧固。

（2）别。为了把头发吹成微弯形状，要用木梳斜插在头发内，梳齿向下沿头皮运转，使发干向内倾斜，这种方法称为“别”。操作时用腕力将木梳带动下的头发发干微微别弯，木梳不动，小吹风机针对梳齿来回斜吹，使发梢贴向头皮。一般用于头缝的小边部分和顶部轮廓线周围的发梢部分。吹头部漩涡附近的头发，也要用“别”的方法。此外，对不擦油、缺少护理或发质粗硬的头发，大部分也都采用这种方法（见图 2–23）。

（3）推。先把木梳自前向后斜插入顶部头发内，然后将木梳背做 180°转动，翻至近发梢端，压住头发，梳齿向前做水平推动，这种方法称为“推”。推的动作要轻，使梳齿的前端头发略微隆起，再以小吹风机风口对着梳齿来回吹两三次。推的作用是使部分头发往下凹陷，形成一道道波纹。该方法用于做波浪纹理（见图 2–24）。

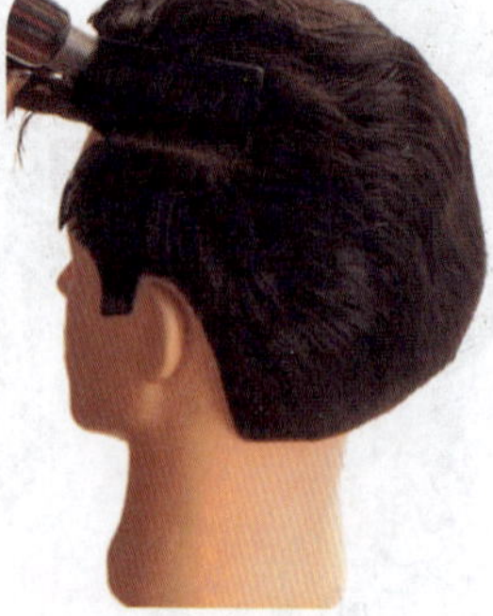

图 2–23 “别”法

图 2–24 “推”法

（4）压。压的作用使头发平伏。压的方法有两种：一是用梳子压，二是用手掌压。

1）梳子压。梳子压主要用于压头缝。梳齿插入头发内，用木梳背把头发根压住，吹的时候木梳不动，吹风口对着木梳背来回移动，使热风经过木梳背透入头发根部，发根因受热风和木梳的压力而变得服帖。吹风时移动要快，且不能压得过久。这种方法一般用于头缝两旁和周围轮廓发梢处（见图 2–25）。

2）手掌压。用掌心或衬以毛巾按在头发的边缘，小吹风机风口直对着头皮与手掌之间的夹缝，并将 2/3 的风吹在手掌，吹一下，手掌压一下，把吹向手掌的热风压往头发。压的时候手掌略微向上提一点，使发梢向内微弯，呈弧形，但用力不能过重，否则发梢会按翻。这种压法主要用于修正轮廓的时候，使边缘发梢不会翘起来（见图 2–26）。

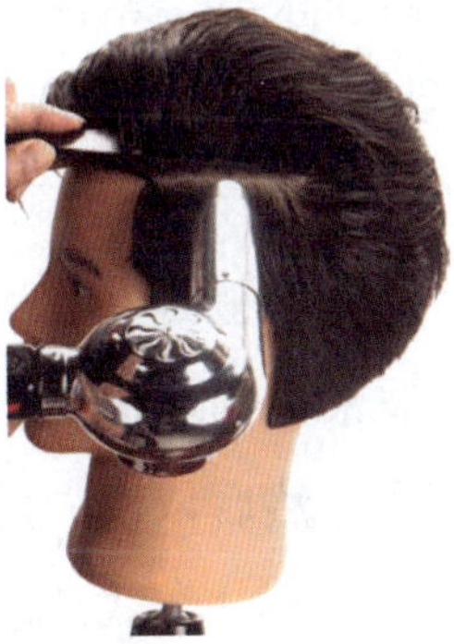

图 2–25　梳子压

图 2–26　手掌压

（5）拉。用木梳将头发拉起来吹松。

（6）卷。用木梳将头发卷成发卷加热、冷却、定型。在吹波浪时，先用木梳固定头发，向前推动显出弧形，利用吹风机热风顺向吹出波纹形状，然后用木梳配合，在发丝受热时吹出浪心，使波浪起伏明显一些。木梳梳出浪形后，把木梳竖起来向前推出浪峰，再作顺向吹风，使浪心与浪峰连接固定。

以上几种方法都是用小吹风机在木梳或手的配合下进行的操作。“压”与“别”的方法一般仅适用两侧及后脑轮廓线附近，“推”多用于头顶部。有时因为发型需要，还可以将两种方法结合起来使用，如长发造型既要求轮廓线周围发梢紧贴头皮，又要求发干部分略带弧形，显出弹性，这时就可将“推”和“别”的方法结合起来进行。又如吹按小边波浪纹理时，也可以将“推”和“压”的方法结合起来。

3. 男式低色调波浪造型的质量标准

要有三棱以上波浪，排列整齐通顺；纹理光泽柔顺、自然；轮廓饱满自然，发梢服帖；波浪间距均称，深浅适度；线条起伏流畅清晰，有节奏感；发型配合脸形，富有动感。

4. 男式低色调波浪造型的技巧

（1）波浪排列定位的控制。在波浪造型设计中，波浪的排列与分布是至关重要的。波浪的种类较多，有个性也有共性。波浪的个性有一棱大波浪、两棱波浪、三棱波浪、四棱波浪、满头波浪、有缝波浪、无缝波浪、一面倒波浪、正波浪、反波浪等。其共性是每道波浪要求通顺自然，大边额角波浪的弯曲方向一致。

在波浪排列流向上有斜波浪、横波浪、垂直波浪等。斜波浪的运用最为广泛，适用各种波浪发型。运用斜波浪设计的造型外轮廓线饱满圆润。斜波浪在造型中一般以大边额角这一波浪为基准波浪，其中心点应在大边额角处，波浪的发梢正好与耳上头发相连接，基准波浪的另一个端点一般是在小边的后脑部，或小边的耳上至耳后之间，其他波浪则以该基准波浪向前和向后分别排列。在波浪吹风造型时，首先将基准波浪定位并吹出雏形，然后依次向后和向前吹出相邻波浪的雏形，依此类推，将全部波浪定位并吹出初样。男式波浪造型如图 2–27 所示。

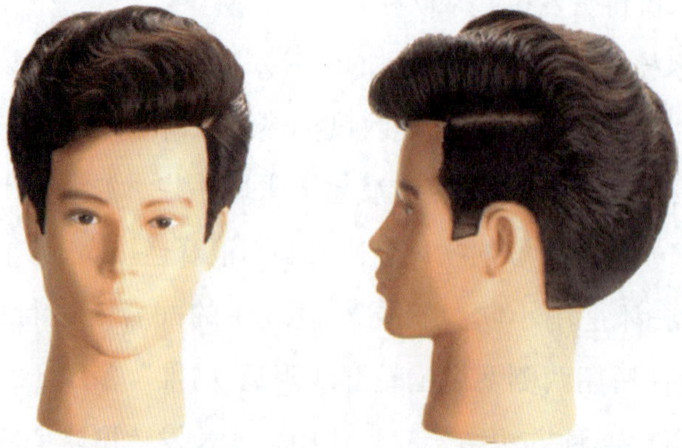

正面造型　　侧面造型

图 2–27　男式波浪造型

（2）波浪宽窄的控制。在波浪排列定位后，必须对波浪的宽窄进行固定、加强。波浪的宽度受制于头发的长度，因此在修剪时要注意对顶部发长进行控制。对波浪的宽窄进行固定加强时，以“推”为主，“提”“拉”相结合，注意每道波浪的宽度要接近一致。木梳插入头发根部，梳齿向前做水平推动，小吹风机的吹风口对着浪峰朝波浪弧度弯曲方向送风，不可做斜向推动，斜向推动会吹出宽窄不一的波浪。

（3）波浪深浅的控制。波浪深浅控制是在波浪宽窄固定加强后才可进行的操作。此时只要将浪峰向上略提，吹风机对着浪峰朝波浪弧度弯曲方向吹（不要吹浪谷），反复多次即可。还可用干毛巾裹着手掌的鱼际部位，托住浪峰略向上提并同时向浪峰送风，反复多次也可达到同样的效果。

三、常见男式发式造型的标准

男士的气质和阅历可通过发型来展现，发型能提升个人魅力，发型和流行服饰一样在整体造型中起到至关重要的作用。干净清新的男式时尚发型，成熟稳重的职场男性造型，都是通过头发的长短、厚薄、层次、线条、纹理等展现出来的。

1. 男式时尚长发造型

男式时尚长发造型要求纹理清晰流畅、线条刚柔有序，体现男性独特气质和充满激情活力的感觉。吹风技巧要运用得当，使发型轮廓自然和谐。周围头发要平顺，两侧和后部头发不宜过短，形成自然参差的层次，使整个发型线条柔和，发丝自然服帖，简洁大方。顶部头发宜长，向前披垂，形成稀疏自然的笔尖形，使造型轮廓更好地修饰脸形、头形、身材等，增强整体造型感。

2. 男式时尚中长发造型

男式时尚中长发造型要求线条刚中有柔，纹理清晰流畅，突出男性大方的风格。在两侧吹、理时，发尾要服帖有度，鬓角的设计要分明，显示出立体的五官。顶部区域发干要有光泽度，发根要蓬松自然，吹风造型效果要根据发型、发质特点恰当把握。造型轮廓要适合脸形、头形、身材等。

3. 男式时尚短发造型

男式时尚短发造型清爽干练，线条刚毅，易于打理。在两侧吹、理时，要使头发棱角分明，顶部区域发根站立，发干有光泽度，根据发型要求及发质特点，恰当地把握吹风造型效果。造型轮廓要有清凉感，要适合头形、脸形、身材等。

4. 男式无缝推剪造型

男式无缝推剪造型结构为方中带圆，立体饱满。每一片头发的发根弧形站立支撑，发丝流向统一向后，前额探出的头发一定要到额头的 1/3 处，侧发与顶部和后部要自然衔接。使用发胶、挑梳、九排梳等工具打理造型，纹理清晰流畅。发丝向后不能有不和谐的缝隙，刘海探出长度合理，边线干净，整个轮廓饱满、柔和、不死板、不怪异，符合无缝推剪造型特征及男性气质。

技能要求

男式低色调无缝波浪造型

操作准备

准备无声吹风机、毛巾、排骨刷、柔发用品。

操作步骤

步骤 1　将头发吹至 6 成干，适当涂抹柔发用品。

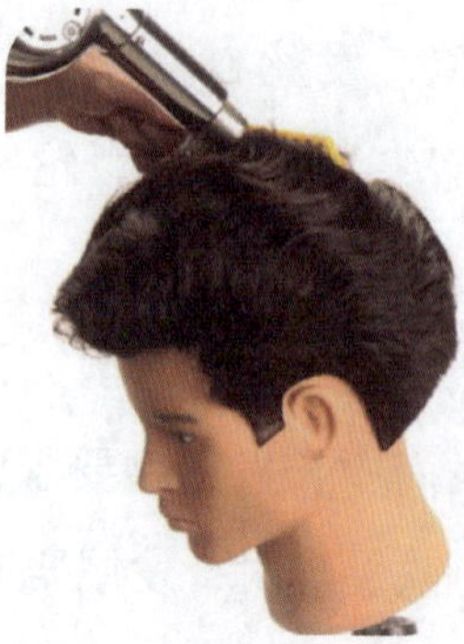

步骤 2　用排骨刷与无声吹风机配合，进行波浪的排列定位。

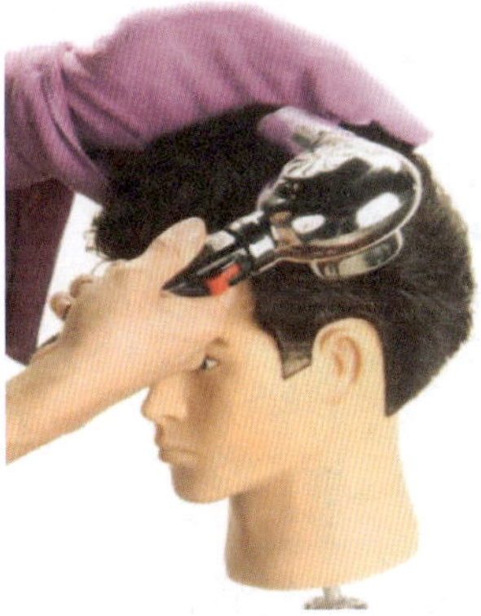

步骤 3 在左手毛巾的推动下，用无声吹风机调整波浪的排列位置。

步骤 4 用排骨刷和无声吹风机将顶部定位的波浪进行加深。

步骤 5 在左手毛巾的推动下，控制顶部波浪的效果。

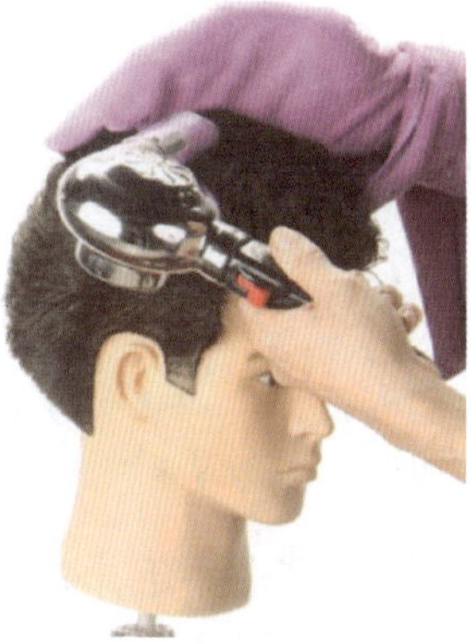

步骤 6 在右手毛巾的配合下，用无声吹风机调整顶部波浪的宽度。

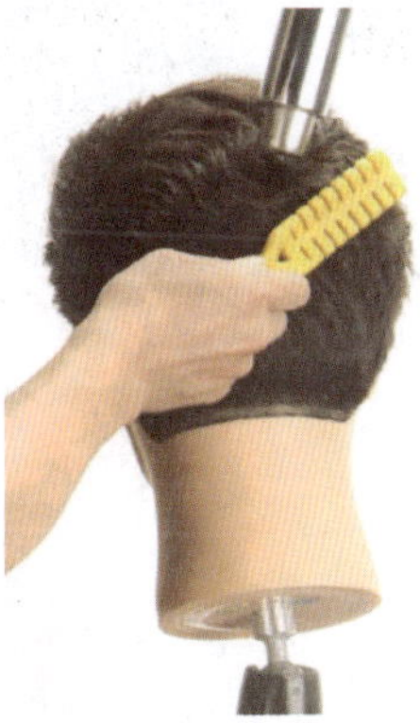

步骤 7 在排骨刷的推动下，用无声吹风机调整枕骨区波浪的宽度。

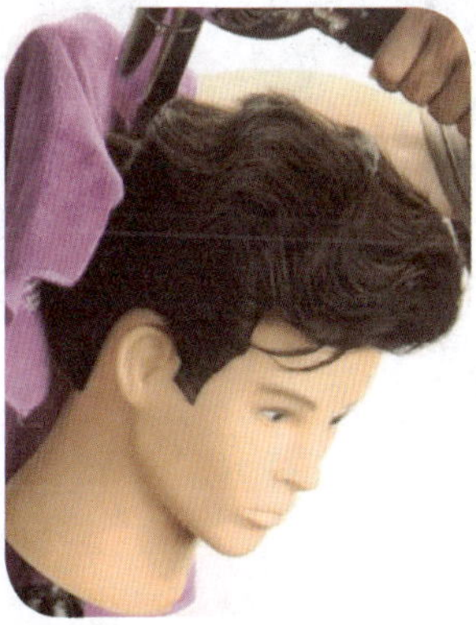

步骤 8 用毛巾托住波浪的浪峰处，用无声吹风机控制枕骨区波浪的排列。

步骤 9 用排骨刷和无声吹风机配合，进行前额造型修饰。

步骤 10 在左手毛巾的配合下，用无声吹风机将四周发梢处理服帖。

步骤 11 在右手毛巾的配合下，用无声吹风机对整体发型进行检查、调整、修饰。

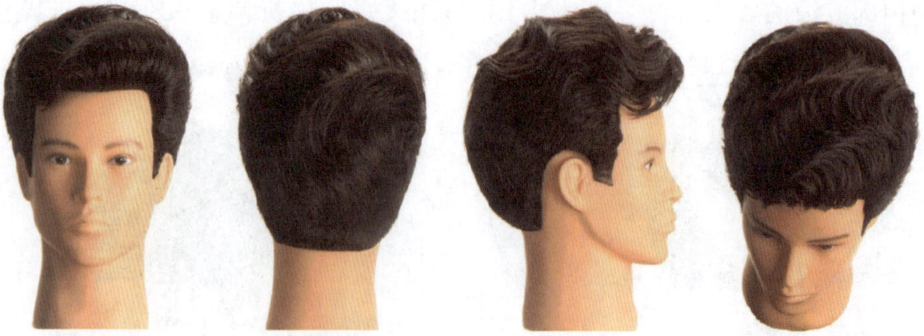

完成造型

注意事项

1. 男式低色调无缝波浪造型的波浪宜采用斜向排列。
2. 吹风时控制好波浪的深度、宽度。
3. 波浪要贯通，波浪的浪峰与浪谷要起伏自然，造型优美。
4. 前额造型与四周相互衔接，发梢不毛不翘。

男式低色调有缝波浪造型

操作准备

准备无声吹风机、木梳、毛巾、排骨刷、柔发用品。

操作步骤

步骤 1　适当涂抹柔发用品，用木梳和无声吹风机压齐头缝，将头缝轮廓吹得立体、饱满。

步骤 2　在右手毛巾的配合下，用无声吹风机将头缝小边头发向后吹得饱满、服帖。

步骤 3　用排骨刷和无声吹风机配合，进行顶部基准波浪的浪峰定位。

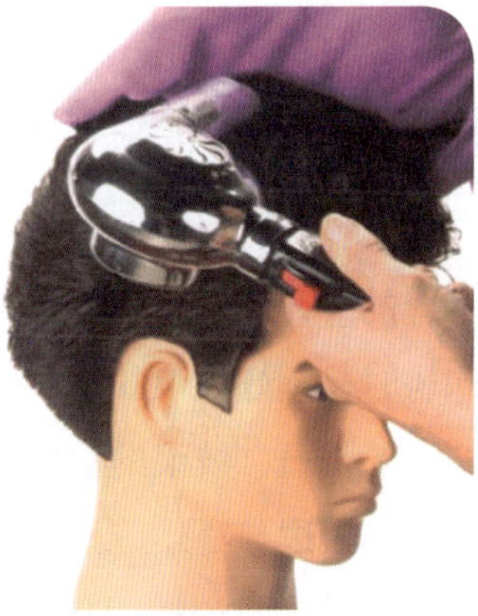

步骤 4　在右手毛巾的推动下，控制顶部波浪的效果。

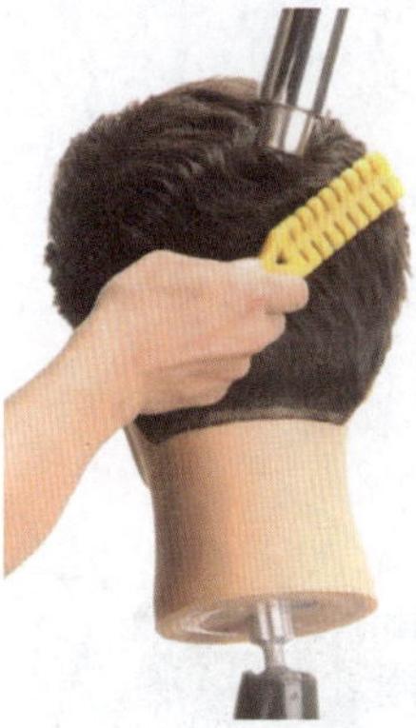

步骤 5 在排骨刷的推动下，用无声吹风机调整枕骨区波浪的宽度。

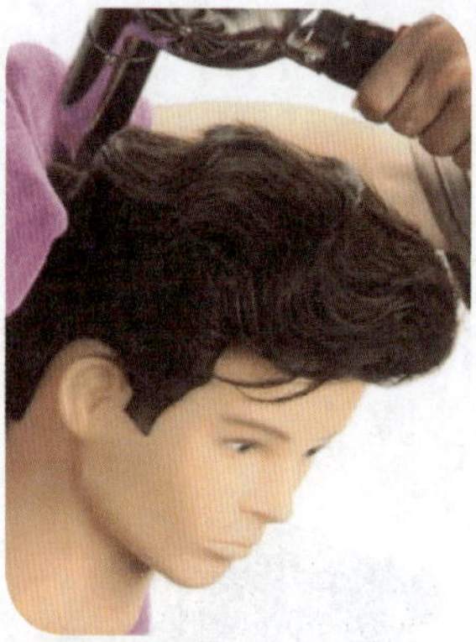

步骤 6 用毛巾托住波浪的浪峰处，用无声吹风机控制枕骨区波浪的排列。

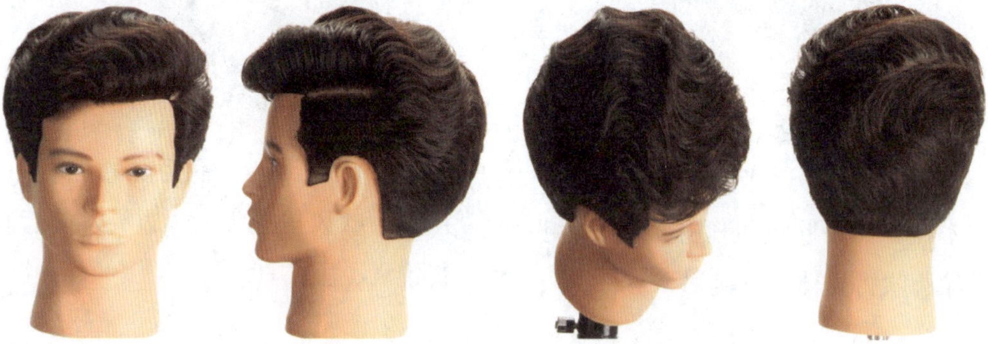

完成造型

注意事项

1. 男式低色调有缝波浪造型的波浪宜采用斜向排列。
2. 头缝的分开位置正确，缝隙清晰自然。
3. 吹风时控制好波浪的深度、宽度。
4. 波浪要贯通，波浪的浪峰与浪谷要起伏自然，造型优美。
5. 前额的大边与小边造型与四周相互衔接，发梢不毛不翘。

男式时尚短发造型

操作准备

准备吹风机、排骨刷、定型用品、发胶。

操作步骤

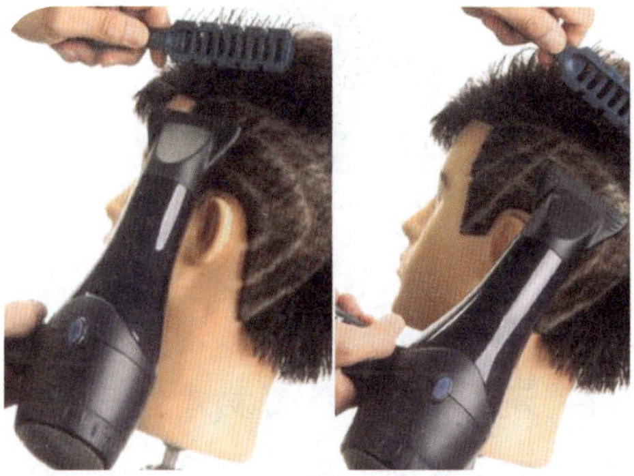

步骤 1 用排骨刷配合吹风机进行发根站立定位和左侧顶部区域定位。

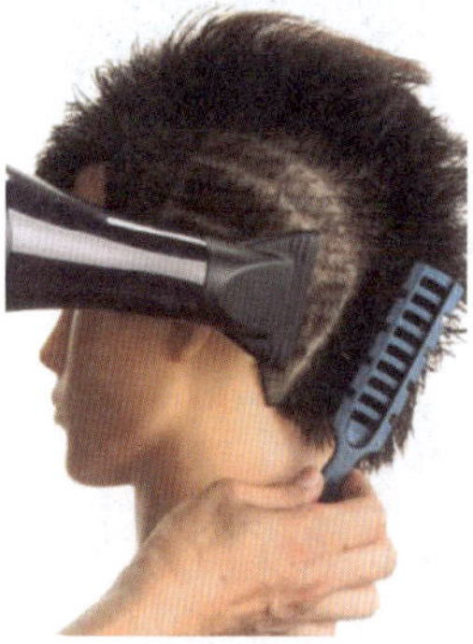

步骤 2 完成左侧顶部区域定位后，再进行后部区域的发根站立定位。

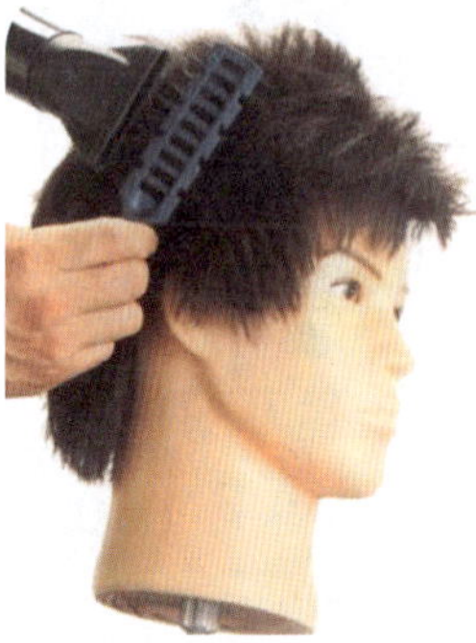

步骤 3 完成右侧的顶部区域定位，控制该区域的发根部位，不要拉得过高。

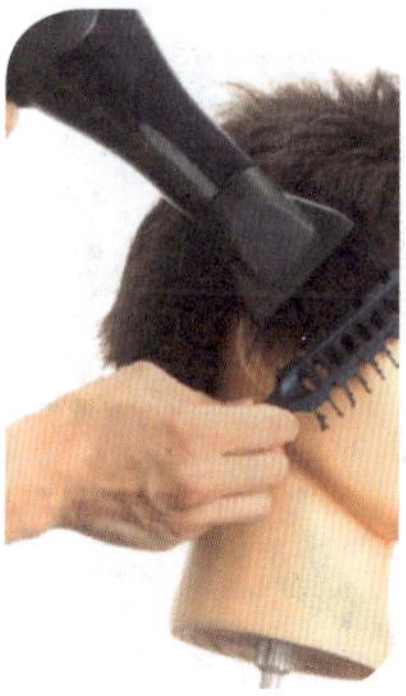

步骤 4 完成右侧的鬓部区域定位，控制该区域的发丝和发梢流向。

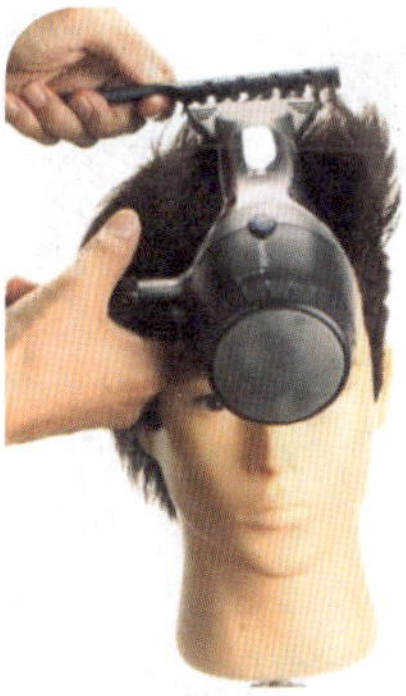

步骤 5 完成顶部区域定位，该区域的发干要站立得高些，突出发式最高的部分。

步骤 6 吹风完成后，进行发式纹理定位，控制好顶部发型的纹理定位。

步骤 7 顶部区域发式纹理定位完成后，再进行其他部位及鬓部的发式纹理定位，控制好纹理走向。

步骤 8 在完成发式纹理定位时，对定型用品的选择和使用要正确、适当，顶部头发不宜用量过多，否则会影响站立的高度。

步骤 9 在刘海定位时，要根据脸形调整发丝及纹理。

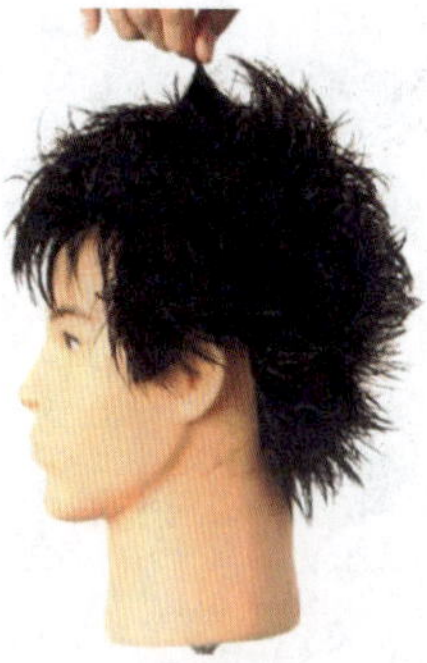

步骤 10 在使用发胶、发泥或啫喱膏定位时，对局部发丝可使用捻的方法拉直发干。

步骤 11 确定发丝及纹理不需要大幅度调整后再使用发胶。发胶要适量使用，如果因大量使用而将位置定死，将无法修饰发式。

完成造型

注意事项

1. 男式时尚短发造型在造型时，轮廓的控制要能表现主题。
2. 吹风时控制好送风的角度，不要因头发短而贴近头皮。
3. 纹理走向要符合发式要求，造型要自然。
4. 修饰好前额及整体造型，使发梢立而不乱，有通透的时尚感。

男式时尚中长发造型

操作准备

准备吹风机、排骨刷、发胶。

操作步骤

步骤 1　用排骨刷配合吹风机进行左侧上部和鬓部区域发根定位。

步骤 2　用排骨刷配合吹风机进行左侧耳后部和耳上部区域发根定位。

步骤 3　用排骨刷配合吹风机进行右侧上部和刘海区域发根定位。

步骤 4　用排骨刷配合吹风机进行右侧鬓部区域发根定位。

步骤 5 用排骨刷配合吹风机进行右侧耳后部和耳上部区域发根定位。

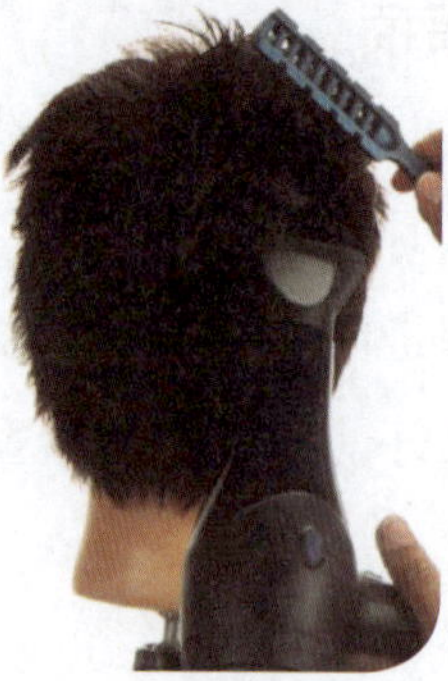

步骤 6 用排骨刷配合吹风机进行枕骨上部区域发根定位。

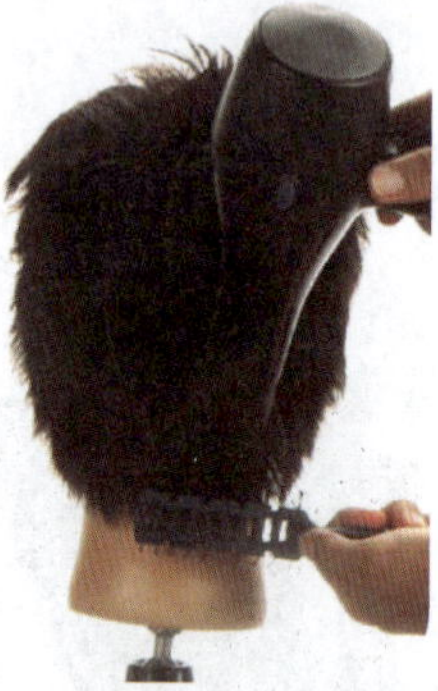

步骤 7 用排骨刷配合吹风机进行枕骨下部区域发根定位。

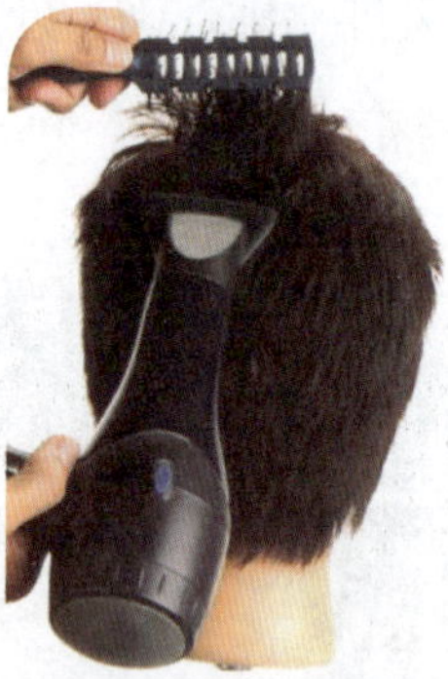

步骤 8 用排骨刷配合吹风机进行顶部区域发根定位。

步骤 9 吹风完成后，用发胶进行顶部区域造型，初步定型时发胶的用量宜少不宜多。

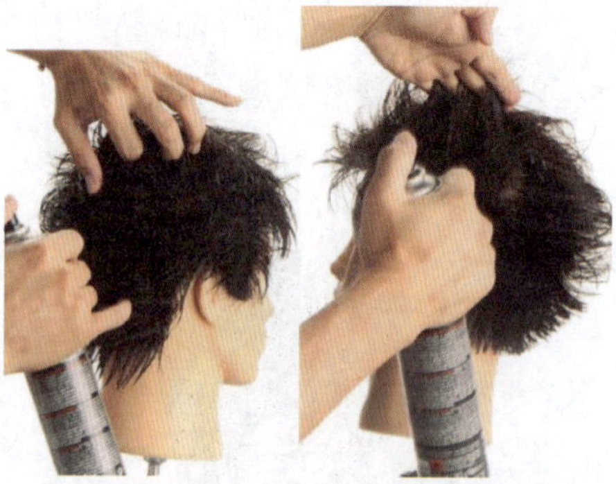

步骤 10 用发胶进行顶部两侧区域造型，手指提起发干，喷少量发胶并拉松发根，之后再喷少量发胶让发根蓬松立起。

完成造型

注意事项

1. 男式时尚中长发造型的发长一定要到位，顶部头发可短些。
2. 吹风时控制好上部头发和下部头发的吹梳手法变化。
3. 刘海、顶部纹理与下部有所不同，一定要衔接好。

男式无缝推剪造型

操作准备

准备无声吹风机、吹风机、九排刷、排骨刷、发胶。

操作步骤

步骤 1 用排骨刷配合吹风机从枕骨下部区域开始吹梳，使发根立起，发丝呈弧形，依次向头顶部吹梳。当从下至上吹至枕骨上部时，发丝弧度要比枕骨下部吹得饱满些，确保枕骨区发型饱满。

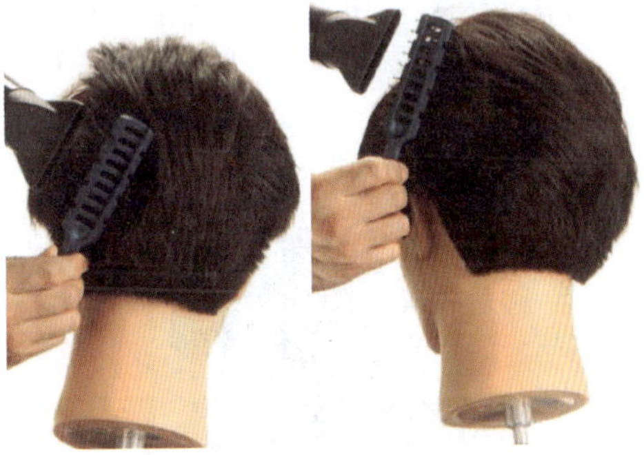

步骤 2 逐片吹梳耳侧后部、耳侧上部头发，把握吹梳方向以及枕骨上部的头发高度。

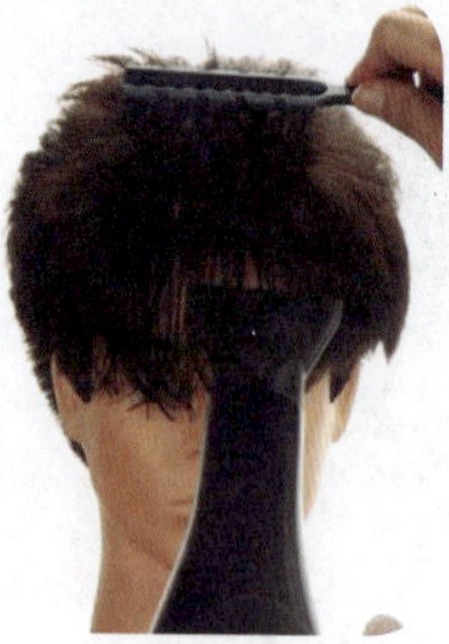

步骤 3　在完成后部吹梳的基础上，逐片吹梳头顶中部发丝。

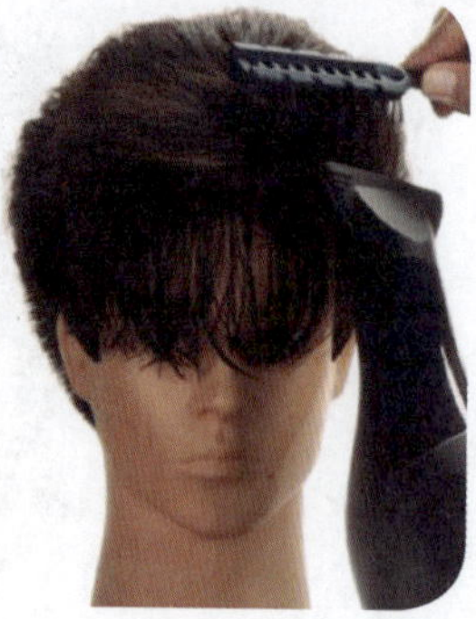

步骤 4　在完成头顶中部吹梳的基础上，逐片吹梳右侧部发丝，再逐片吹梳左侧部发丝。

步骤 5　吹梳完成后，用九排刷整理中部区域发块，发丝要整理顺畅。

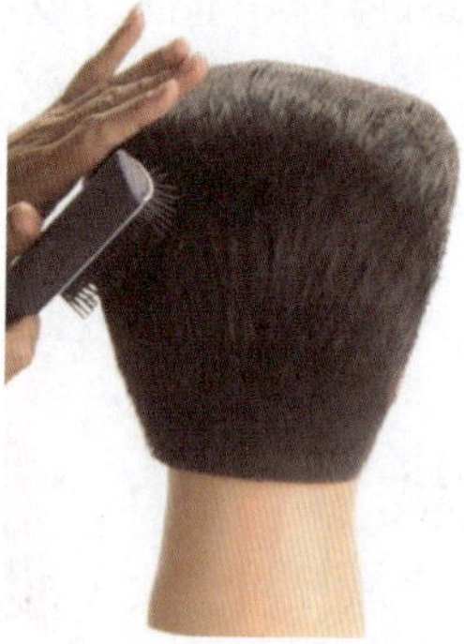

步骤 6　用九排刷整理中部区域发块后，继续整理左、右侧及后部发块。

步骤 7　用九排刷整理整个头部后，用无声吹风机烘烤发式轮廓及边沿发际线。

步骤 8　用发胶定型。

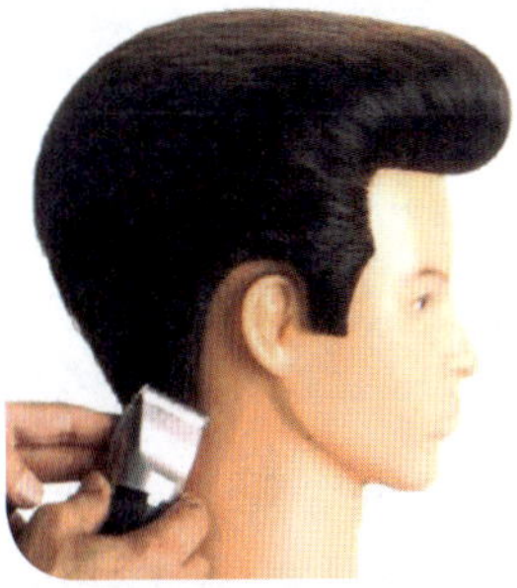

步骤 9　用电推剪修剪边沿发际线。

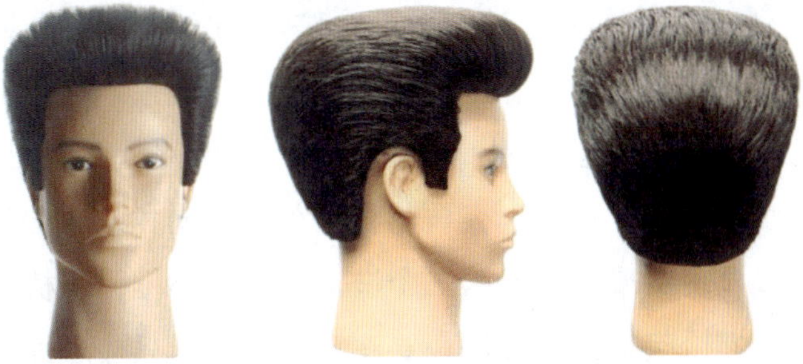

完成造型

注意事项

1. 男式无缝推剪造型在吹风时，发片不宜挑得过厚。
2. 吹风时送风角度要有利于发根站立和发丝形成弧度。
3. 整理造型时，丝纹应清晰流畅，四周发梢要处理好。
4. 用发胶定型时，要控制好发胶的量，要散开喷雾，不要集中对着小块面积喷。

培训单元 2　女式发型吹风梳理

培训重点

了解常见女式发式造型技术要求。
熟悉女式发式造型常用手法与器具。
能够进行常见女式波浪造型。

知识要求

一、常见女式发式造型技术要求

波浪发型形态各异，有水纹波浪、蛇形波浪、螺旋波浪、刀口波浪、不规则波浪（自由波浪）等，应根据发型设计要求进行选择。

1. 女式长发波浪造型

长发波浪造型一般采用木梳与刷子配合整理的方法。先将额前头发二八分（或三七分），将头发梳顺，将发丝组合起来，用木梳按住发端，稍向上松动一下，使顶部的发丝显出S形状。这时梳齿向上插入波浪的浪心（凹陷处），推梳出明显的第一个波浪，用木梳背揉动一下，再将梳齿朝下，向相反方向推捏，使S形凹凸面的浪峰和浪谷显现出来，形成第二个波浪。依此类推，当梳理到颈背部头发时，靠木梳将头发提拎起来梳理波浪。要注意木梳不能只梳表面头发，一定要将里面的头发梳到梳齿上，提拎的角度要适当，否则里外的头发不能衔接，会出现翻起等现象。最后调整波浪和发型轮廓，木梳向后梳理。如果有发丝不工整，可采用拉刷、滚刷、翻刷等方法，使凌乱的发丝归顺。

2. 女式中长发波浪造型

女式中长发波浪造型与长发波浪造型的技术要求相同，只是头发略短一些。

3. 女式短发波浪造型

女式短发波浪造型一般采用手与木梳配合的方法。先将头发按预定方向梳顺，然后用左手指、掌推切出第一浪，按紧浪心，接着右手的木梳在左手的下方梳出浪峰，这时左手掌移到第二浪处推捏出浪峰，左手中指按住前浪，右手木梳梳理出第二浪心，这样依次推切梳理出下面的波浪即成。当一次梳理不够理想时，可在此基础上重复梳理一次，以梳理出较理想的波浪形状。第一次梳理是确定波浪的方向和部位，第二次梳理是进一步使波浪衔接和使发丝里外组合更趋完美。最后调整波浪形状和整体发型轮廓，主要运用顶刷、推刷、拉刷、翻刷等方法，使发型蓬松自然，更好地配合脸形。

4. 女式时尚大花造型

女式时尚大花造型的吹梳制作有两种方法。一种是通过塑料卷发筒盘卷，并用烘发机烘干后，进行梳理造型。另一种是直接用吹风机配合滚刷（圆刷）吹卷，整理造型，具体操作为：洗头后，用毛巾擦干头发，然后用滚刷（圆刷）边吹梳边整理成发卷。在吹卷过程中，要逐层、逐片地将头发全部吹到。梳理后检查一下，如有漏吹或卷度不够的再进行补吹。吹风时要掌握吹风三要素：温度、角度、方向，冷却定型要到位。

二、女式发式造型常用手法与器具

1. 盘卷手法

盘卷是发式造型中的一种塑造性的工序，根据不同的发式造型要求，采用不同的盘卷方法，选择相应的卷发筒。盘卷的主要目的是使卷曲的头发可以产生更多的变化，也是为梳理发式造型打基础。

（1）扁圈发卷的盘法。将一束头发由头发根部开始，盘绕在手指上，形成螺旋形的扁圈发卷（见图 2–28），发梢埋在中心外部。此种方法适合短发。发梢盘卷需做成疏松柔和的纹样，盘卷部位的分界要求角度恰当，头发要有一定的湿度，发卷不能太大，一般底部的宽度大约在 2 ~ 3 cm 为佳。

步骤 1　梳顺头发，挑起一片发片并用右手捏住发梢。左手的食指与中指伸直，放在挑起发片的根部。

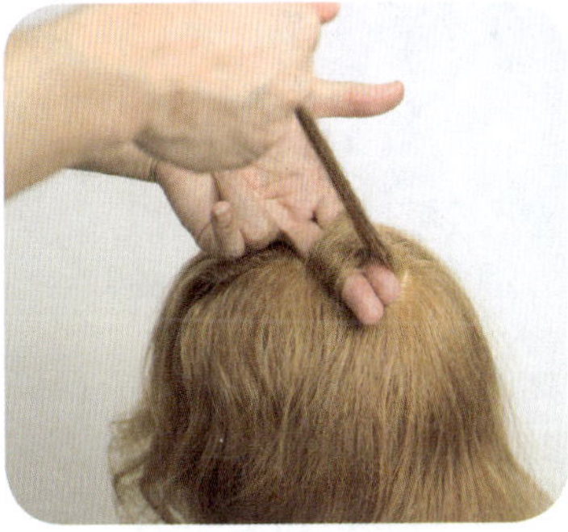

步骤 2　将右手上的发片按一定方向缠绕在左手的两指上。

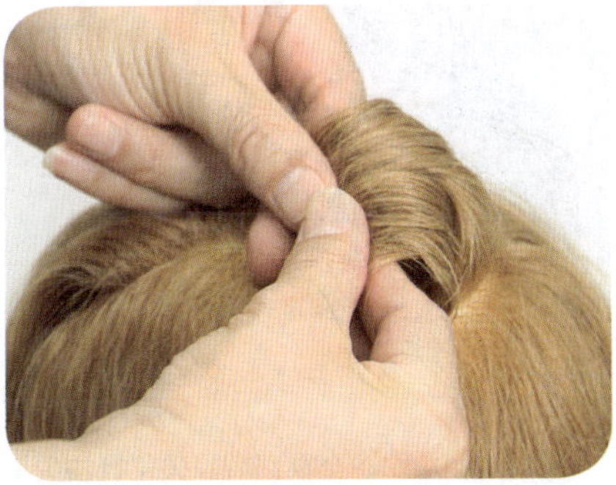

步骤 3　右手捏住卷好的发圈，将左手的两指抽出。

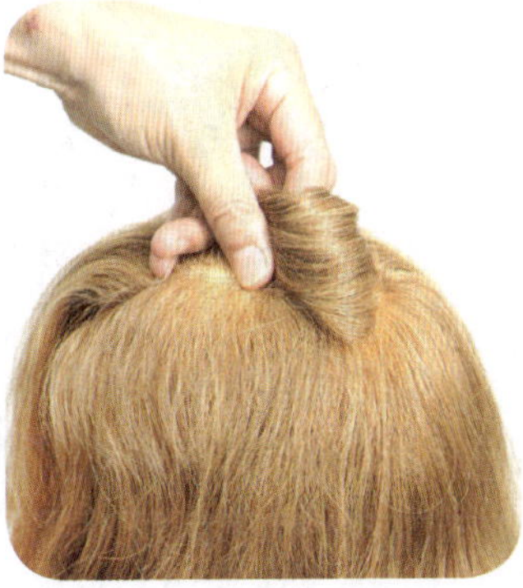

步骤 4　左手将圈立起形成立圈。

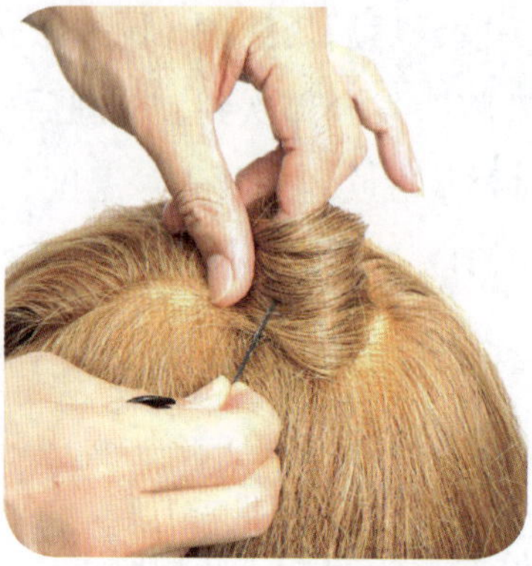

步骤 5　右手用发夹将立起的圈固定。

完成操作

图 2–28　扁圈发卷的盘法

（2）立圈发卷的盘法。用尖尾梳分出一片发片，将发片垂直提拉，再从发梢开始盘卷成竖立的立圈发卷（见图 2–29）。

步骤 1　梳顺头发，用尖尾梳分出一片发片，用手捏住发梢，与头皮大约成 90°。

步骤 2　左手拇指、食指在发梢下 3 cm 处握住头发，用拇指和食指将发片盘成直径约 3 cm 的发卷，要将发梢卷在圆圈的内侧。

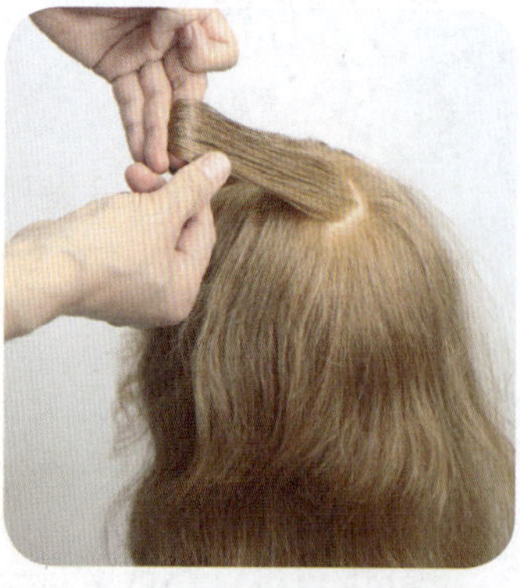

步骤 3　用右手拇指和食指拉住发梢与发丝相接触的地方，将发梢的圈逐渐往发根处卷，盘卷时拉紧发片。

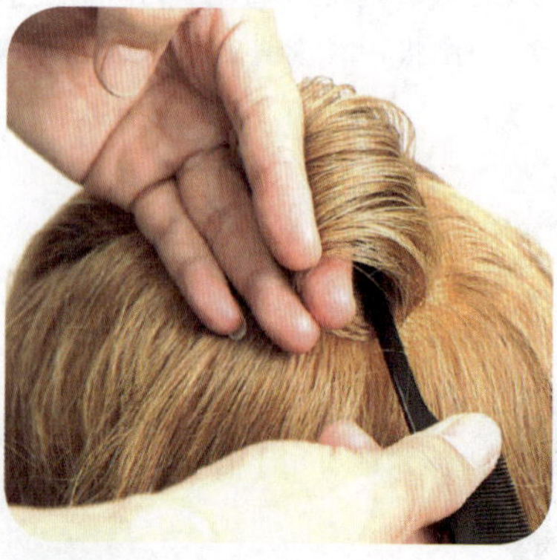

步骤 4　将发圈卷至根部后用尖尾梳的尖端压着圈的下端，待固定后抽出左手。

步骤 5 左手将圈立起，并用发夹固定。

完成操作

图 2-29 立圈发卷的盘法

（3）盘卷分界方法。盘卷的分界在每行头发之间，行距要比需要的波浪浪峰偏高一些，因为梳理时发卷总会有些下垂，而盘卷的发卷所属的同一行线内全部是盘卷发卷统一的圆形，卷曲方向和动态是一致的。在一行线内不能有卷曲方向相反的发卷，否则在梳理时波纹就不能衔接。每一行之间发卷的位置要错开（砌砖式分区），如图 2-30 所示。

（4）盘卷排列方法。头发根据部位和方向，可形成定位定向的发卷排列，也可形成定位不定向的发卷排列。不同排列组合都可以使头发形成各种柔美的线条和花纹。盘卷排列关系到发式的定向位置，而纹理的流向则使发型的波浪呈现有规律的动向。

图 2-30 盘卷分界方法

盘卷要成行地排列，每行卷曲的方向必须一致，行与行的卷曲方向要相反（见图 2–31），即一行正卷发卷，下一行相反（大波浪造型可以两行正卷发卷，下两行反卷发卷）。盘卷的发卷直径大小与部位由波浪的宽度和张力来决定，即直径越小张力越强，在设计中必须考虑到这些因素。另外需注意发质的粗细、软硬等。如头发粗硬，而发卷的直径小，在整发时张力就强，梳刷松弛，放大波形就很费力；而细软的头发如发卷直径太大，张力就小，在整发时就很容易松软。

图 2–31　盘卷排列

2. 筒形发卷操作

（1）筒形发卷的种类。筒形发卷有用手卷和用塑料筒卷两种。手卷的筒形发卷角度、形状变化多，灵活性大，可以卷成任意形状；塑料筒卷较易掌握，头发在烘干时容易控制发卷的形状，发卷的张力比较大。操作时一般自发梢卷至发根，形成筒形发卷。根据发型需要，可向内卷也可向外卷，有斜向、垂直、水平等排列方法，各种排列方法各有特点。

（2）筒形发卷的特点。向内卷的筒形发卷能梳出向左或向右的波浪形，也可以梳理出大小不等的块面，是一种灵活多变而松浮自然的卷发发型。而向外卷的筒形发卷能梳理出外翘及发梢向上轻轻浮动的卷发发型。

（3）筒形发卷操作要求及注意事项

1）分区。发片的宽度要与卷发筒的长度相一致。发片比卷发筒宽，会导致卷发筒两端发丝根部缺少曲形，梳理头发时造成失形；发片比卷发筒窄，发丝卷在发筒中间，会影响其他发卷的排列。发片的厚度需匹配卷发筒的直径。

2）发片卷起的角度。发片与头皮所呈现的角度要按发型需要而定。45°（锐角）能使发卷呈现低平并能放大波浪的效果；90°（直角）发卷适中，容易整理成蓬松、均匀的波浪形状；135°（钝角）在发丝梳理时呈现自然向前倾，常用于蓬松的发式。

3. 刷子和手配合

刷子和手配合推波浪时，以刷子为主导。操作时用中指与食指夹住浪峰，刷子向左梳理浪心，然后用中指与食指夹住已理出的浪峰，食指推按住浪心，刷子在食指下方梳推浪峰。

4. 吹风机和刷子、圆刷配合

（1）用刷子配合吹风机。在吹波浪时，先用刷子拉住头发，向前推动显出弧形，利用吹风机的热流顺向吹出形状，然后用刷子在发丝受热时按下吹出的浪心，这种方法能使波浪起伏更加明显。用刷子刷出浪形后，把刷子竖起来向前推出浪峰，再作顺向吹风，使浪心与浪峰固定。

（2）用圆刷配合吹风机。以圆刷为主导，用圆刷边侧将发片向前推送，将吹风机向下或向上滚吹、旋转，将发根吹松，使发卷松弛有弹性。也可以 45°角送风，吹出柔顺直发。

5. 电热棒和木梳配合

操作时，右手握住电热棒（温度控制在 120 ~ 180 ℃），左手小指将发片分出拎起，发片宽度与电热棒相符合。用左手食指与中指夹住发片，用木梳从发根梳顺头发，电热棒从发片根部夹紧发片向发中、发梢梳理，这时左手夹住头发并拉紧，使头发紧贴在电热棒上，产生有弹性的弧形。每片发片按方向需要，依次操作。待做好全部发卷后，再组合梳理成所需发式。这种新式做卷的方法效果好，成型快，形象自然、耐久，特别是在做流行的翻翘式发型时更方便。

技能要求

经典女式长发波浪造型

操作准备

准备塑料卷发筒、发夹、钢丝刷或九排刷、木梳、尖嘴夹、柔发用品、吹风机。

操作步骤

步骤 1　整个头部按次序分批盘卷塑料卷发筒。

步骤 2　用吹风机烘吹 30 min 之后将塑料卷发筒拆除。

步骤 3　拆去塑料卷发筒后整理一下头发。

步骤 4　均匀涂抹适量柔发用品，用钢丝刷按着纹理进行梳理。

步骤 5 找出头发的波纹，用木梳整理出波浪，用尖嘴夹固定。

步骤 6 左手用木梳，右手用钢丝刷或九排刷，按头发的波纹梳理出整个头发的波浪。

步骤 7 全头梳好后准备定型吹风固定波浪。

步骤 8 从刘海的发根开始吹风，吹出刘海的高度。

步骤 9 按头发波浪的纹理进行吹风。

步骤 10 按波浪往下吹风，不要破坏波纹。

步骤 11 在刘海处，吹起发根并向上提拉，使头发有立体感、蓬松度。

步骤 12 吹刘海表面头发，使头发表面光亮。

完成造型

注意事项

1. 梳理时按头发的自然纹理梳理头发，左手用木梳整理出波浪，右手用钢丝刷或九排梳梳出波纹和弧度，用尖嘴夹固定后吹风定型。

2. 吹风时，注意发根部分的立体感。吹风过程按波浪纹理吹风，否则吹风会起到破坏效果。

3. 在吹波浪时，手指要按住波浪，以免将波浪纹理吹乱。如果波浪较浅，可用手指捏挤浪心，使波浪增高。

现代女式长发波浪造型

操作准备

准备电卷棒、鸭嘴夹、柔发用品。

操作步骤

步骤 1 将头发吹至 7 成干后，均匀涂抹适量柔发用品，根据发型要求将头发进行区域划分。

步骤 2 将右侧最下区域的头发梳理通顺，拉出的发片不宜太厚。

步骤 3 将电卷棒加热后，在距发根 10 cm 处摆放。

步骤 4 将发片平贴缠绕在电卷棒上。

步骤 5 稍加热后开始旋转电卷棒的转动部位，可以正转，也可以反转，将发梢旋转至贴住电卷棒的加热部位。

步骤 6 待发片的头发均匀加热后，取下电卷棒。

步骤 7 进行第二片发片的处理，处理方法与第一片发片相同。

步骤 8 第二片发片加热完成。

步骤 9 枕骨下部的头发加热完成。

步骤 10 后部与两侧的头发加热完成。

步骤 11 对刘海区域的发片进行加热。

完成发型

注意事项

1. 开始时头发不要吹得太干，吹风前不要涂抹柔发产品。
2. 注意两侧的发卷流向，送风时间不能过长，否则整体造型太刻板。
3. 现代长发波浪造型要自然、饱满、柔和。

经典女式短发波浪造型

操作准备

准备塑料卷发筒、发夹、钢丝刷或九排刷、木梳、柔发用品、吹风机。

操作步骤

步骤 1　整个头部按次序分批盘卷塑料卷发筒。

步骤 2　拆去塑料卷发筒，均匀涂抹适量柔发用品，将头发向后梳顺。

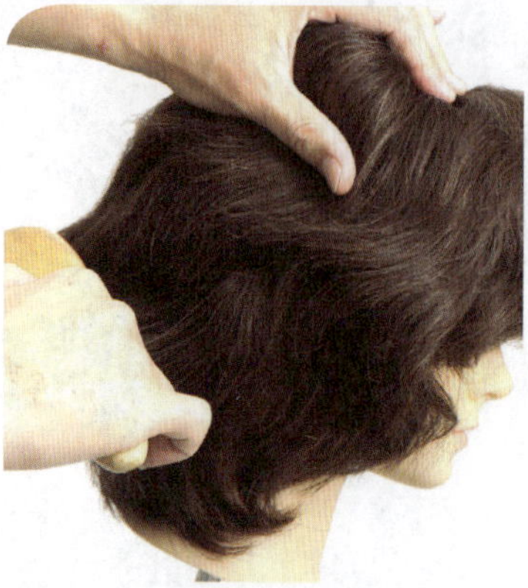

步骤 3 由顶部开始按波浪的自然纹理向下推出波浪。

步骤 4 发梢的纹理也要梳得干净利落。

步骤 5 用手和钢丝刷（或九排刷）配合推出波浪纹理。

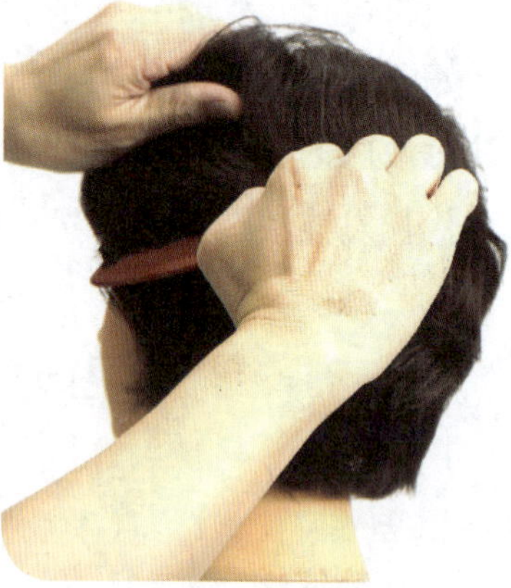

步骤 6 手与木梳配合，寻找理想的波纹效果并进行整理。

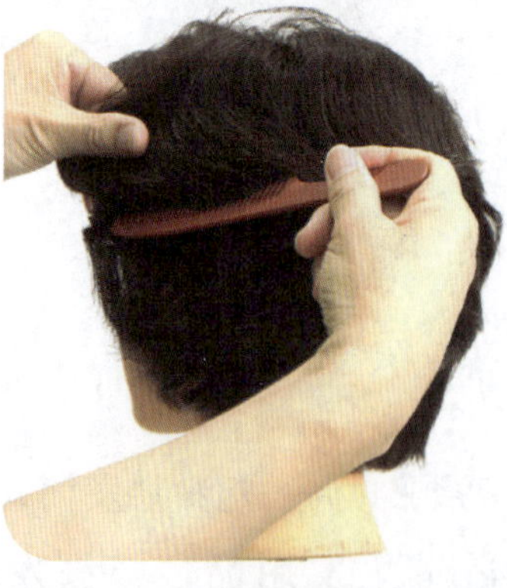

步骤 7 对不够理想的纹理，可以用手指捻或捏出波浪。

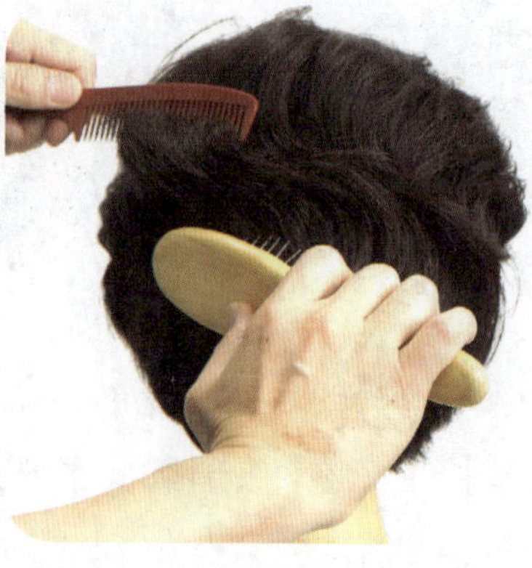

步骤 8 用木梳与钢丝刷（或九排刷）刻出清晰波纹。

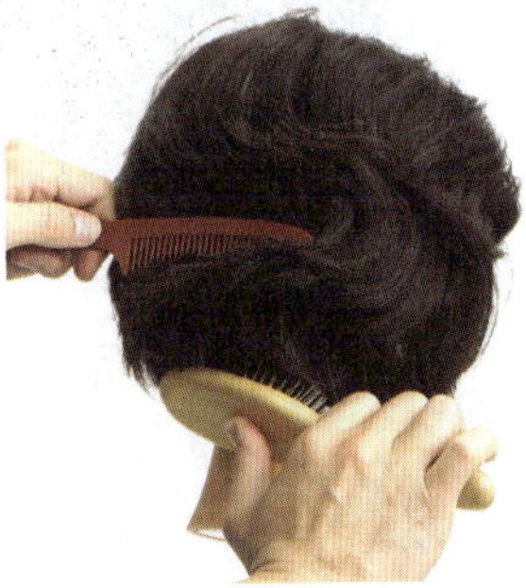

步骤 9　用木梳将颈部的头发翘起，使波浪更加清晰，方便梳理。

步骤 10　用吹风机将头顶发根部位吹起，使顶部头发饱满、有立体感。

步骤 11　按波纹的弧度进行吹风，如果波浪较浅，可用手指挤捏浪心，使波浪增高。

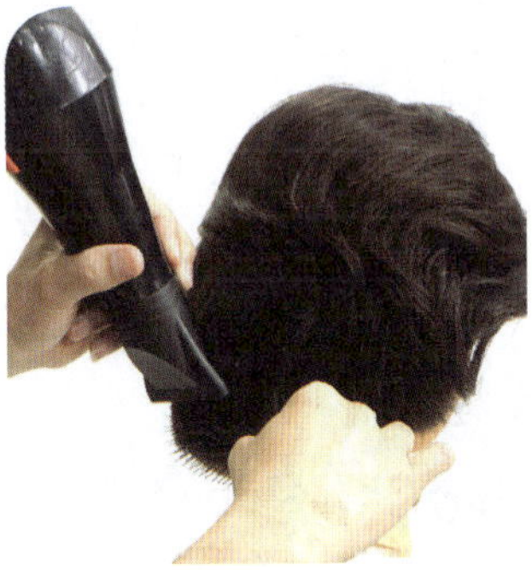

步骤 12　发梢处进行收紧处理。

步骤 13　在刘海区，吹起发根，向上提拉，使头发有蓬松立体感并与头发的顶部连接。

完成发型

注意事项

1. 若头发较短，可用小号的塑料卷发筒。

2. 梳理时，按头发的自然纹理梳理头发的波纹，头发较短时注意柔和度。

3. 发根立起时注意蓬松度，收紧发梢时注意头发的光泽度，整个轮廓线条要饱满。

现代女式短发波浪造型

操作准备

准备滚刷、宽齿梳、鸭嘴夹、柔发用品、吹风机。

操作步骤

步骤1 对将要吹风的发型进行分区。

步骤2 先将头发吹至6成干，从右侧分出一片发片，用滚刷从根部开始缠绕，边滚边送风。

步骤 3 从发根吹至发梢后，取下滚刷。用滚刷配合吹风机进行第二片发片的滚吹。

步骤 4 逐层逐批滚吹两侧与后部的头发。

步骤 5 完成刘海小边的滚吹。

步骤 6 由于是短发，刘海大边应向外滚吹。

步骤 7 短发刘海不要吹卷，有一定的自然弧度即可。

步骤 8 吹顶部发根，使顶部头发蓬松饱满。

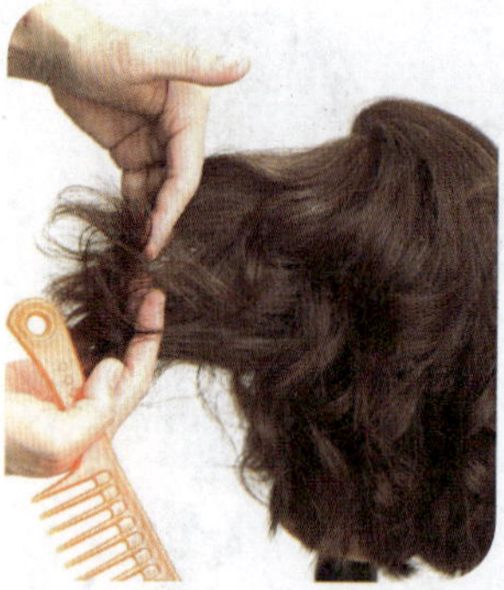

步骤 9 完成整个头部头发滚吹后，进行卷度检测。

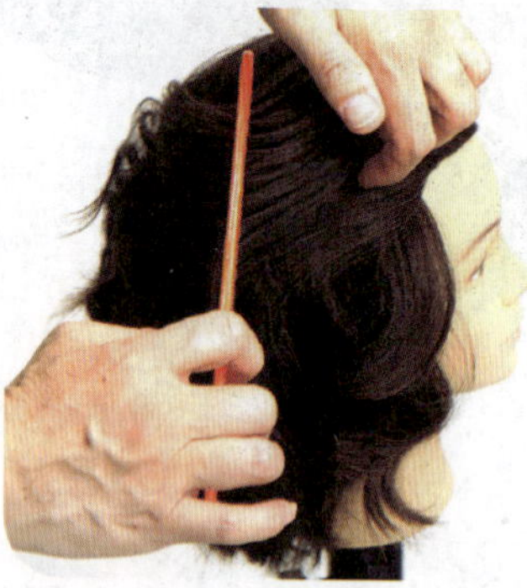

步骤 10 用宽齿梳将头发梳通。

步骤 11 均匀涂抹适量柔发用品，用宽齿梳将头发梳顺并整理出发型的纹理。

完成造型

注意事项

1. 现代短发波浪造型要注意头发卷曲的流向不要太单一，卷曲度要适中。
2. 头发要自然柔和，不要吹梳时间过长，以免使发型刻板。

女式时尚大花造型

操作准备

准备尖尾梳、滚刷、钢丝刷或排骨刷、宽齿梳、鸭嘴夹、柔发用品、吹风机。

操作步骤

步骤 1 均匀涂抹适量柔发用品。按发型要求分区，用滚刷配合吹风机先从最下层开始吹风。

步骤 2 发片吹卷后，运用吹风机的后部进行冷却。

步骤 3 卷紧发梢，反复滚吹。

步骤 4 第 1 层发片吹卷完成。

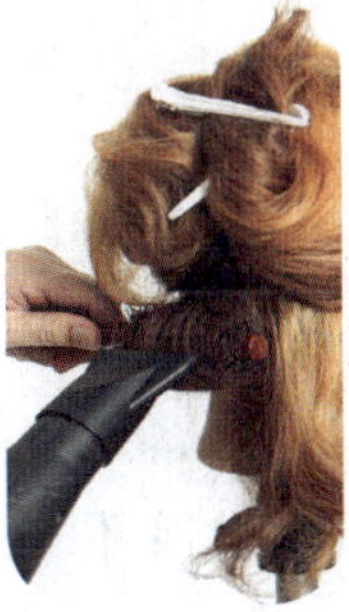

步骤 5 吹卷上一层发片。

步骤 6 顺时针方向吹卷发片的发梢部分。

步骤 7　对发根的部分进行吹卷。

步骤 8　后部头发滚吹完成后，对刘海区域的头发表面进行吹风。

步骤 9　对刘海的发根部分进行吹风（俗称“打底风”）。

步骤 10　对小边的头发表面进行吹风，吹光吹顺。

步骤 11　对小边的发根部位打底风。

步骤 12　对顶部的头发进行吹风，吹光吹顺。

步骤 13 对顶部的头发打底风。

步骤 14 吹风完成后用宽齿梳梳出造型。

步骤 15 用尖尾梳对发花进行调整。

完成造型

注意事项

1. 注意时尚大花的卷曲程度，掌握吹梳的角度和吹风时间，避免过于卷曲。
2. 注意顶部造型，一定要吹梳得蓬松饱满。
3. 注意整体感和反向卷曲的长短，整体卷曲要协调，最后造型要柔和自然。
4. 吹梳后发丝要有光泽，有蓬松感，发梢要有内弯的效果。

培训单元 3　生活类发式造型

培训重点

了解造型设计的原则与方法。

掌握造型与脸形的配合方法。

熟悉常用造型工具的使用方法。

掌握生活类造型的方法与要求。

能够进行生活类盘发、束发、包发和编发操作。

知识要求

一、造型设计原则

1. 重复

美发师在制作发型时，对不同顾客的头发或同一顾客不同位置的头发所运用的手法相同，这就是重复。

2. 对比

对比就是利用局部位置形状、颜色的不同，突出各手法之间的不同特点，使发型具有多样性并产生强烈的落差，更富有吸引力。

3. 交替

将两种或两种以上的手法以一定顺序轮换运用的方式即是交替。

4. 递进

运用相同的手法，在相同的提拉角度与运动方向上有比例变化，这就是递进。

5. 平衡

从审美意义上讲，平衡是各部分和谐的组合，可分为对称平衡和不对称平衡。

（1）对称平衡。对称平衡指的是大小和形状一致，头发完全对等，位置一致，如头发左右、上下、前后、曲直构成对称。

（2）不对称平衡。不对称平衡的应用范围很广，如头发长短、块面虚实、纹理曲直、发块厚薄、发型繁简等，将各种对立的因素利用平衡的规律进行合理的调和、搭配、组合，就能获得一种相对的平衡感，即不对称的平衡。

无论何种设计原则，在设计发型时都必须合理灵活地运用，才能更好地体现设计者的思想创意，切忌生搬硬套，那样只会使发型变得缺乏创意和内涵。

二、造型设计方法

为了设计适合顾客的发型，美发师必须综合考虑发型的形状、纹理、颜色、方向、结构等方面。

1. 形状

形状是指发型的外部轮廓。在发型设计时一定要认真分析所设计的发型外部轮廓是否符合顾客的脸形、头形、身形、个性等特征。

2. 纹理

纹理是指头发的曲直、波纹等形状。美发师应注意每一区域的纹理变化是否符合设计要求，从而对头发的量感、发丝流向和表面纹理进行处理。

3. 颜色

颜色可以用来统一设计中的其他因素，并引起人们的注意，使头发更具层次感和节奏感。

4. 方向

在层次和纹理上，应注意从不同的方向来突出发型的重点，使发型的整体层次产生方向感。紧密相连的头发块面要有层次和纹理的方向变化，才会形成发型的立体效果。

5. 结构

美发师在已获得形状、纹理、颜色、方向的信息后，可以进一步观察发型的长度变化。根据头发的长短，运用各种手法将头发进行结构性分区。

三、造型组合设计

在设计盘发、束发、包发、编发造型时，要注重发型整体的轮廓。轮廓是三维的，三维是二维的延伸，二维是一种由长和宽组成的平面几何图形，而三维是由长、宽和高构成的，是立体图形。

1. 发量的设计

（1）发量多。发量多有三种情况，一是头发的根数多，二是头发比较粗，三是头发生长比别人快。发量过多而蓬松的造型会使人头部显得较大，因此在发型设计时，发区不宜分得过多，可选择手推波纹、盘包、拧包的手法。

（2）发量少。发量少也有三种情况，一是头发的数量少，二是生长出来的头发比较细，三是发丝绵软，弹力和支撑力不足。在为发量少的顾客设计发型时，如果将头发弄得卷曲，就会显得头发丰满。用倒梳方法可为头发增加蓬松感，手法可选择层次型卷筒造型、卷发钳造型、双结，以及分发片的拧包、叠包、手包等。

2. 直发和卷发的设计

（1）直发的设计。直发是指未经烫和定型，保持自然生长状态的直线型头发。在设计时根据头发的特点，可选择盘、叠发条造型等手法。

（2）卷发的设计。卷发是指自然卷、烫卷和定型的不同卷曲状态的头发。在设计时可根据头发的特点，保留头发发梢卷曲，对根部头发用拧、扭、盘等手法，使发型表现出飘逸、自然的结构。

四、梳理手法的选择

选择梳理手法时，要考虑头发的长度和直曲情况。

1. 长直发

长直发的发量较多，梳理时一定要把头顶分开发区造型，减少发量，以便控制头发块面，便于造型。选择手法有直卷型卷筒、双重型卷筒、拧包、盘包等。

2. 长碎发

长碎发由于发量较少，可在头部整体分区造型或将全部头发集中束在头顶造型。发型梳理时要带有蓬松度和立体感，选择的手法有层次卷筒、变化形卷筒、玫瑰形卷筒、波纹形卷筒、手推波纹和手摆波纹、锥筒包、叠包等。

3. 中长发

中长发容易梳理造型，选择任何梳理手法均可。

4. 短发

短发的长度不足，发量有限，因此梳理时头部分发区不宜过多。选择的手法有定型卷筒和波纹，也可用发片叠包、平包、交叉包等，必要时可加假发填补空间，以取得长发的效果。

另外，选择梳理手法还要综合考虑顾客的脸形、头形、身材、职业等因素。在梳理的过程中，应尽量呈现淡雅秀丽、卷曲流畅、乱中有序、随意自然的造型效果，这种自然是人性化的自然，不刻意追求工整性，虽然进行了艺术加工，但要减少人工痕迹，在形、色、质等方面做到和谐。

五、造型与脸形的配合

每个人的脸形轮廓、五官特征都不尽相同，因此在设计造型时要扬长避短。美发师需要仔细观察顾客的脸形，通过改变盘发的高低以及形状，制造椭圆脸的视觉效果。盘发、束发的设计应以头部生理结构的特征为出发点，考虑与脸形的配合。

1. 常见脸形的设计手法

（1）椭圆脸。椭圆脸又称鹅蛋脸，是一种标准的脸形，有着柔和的曲线轮廓。这种脸形适合各种盘发、束发造型。

（2）圆脸。圆脸的特点是颊部比较丰满，圆圆的脸蛋给人以温柔可爱的感觉。这种脸形的造型可以做得成熟些，可将四周头发集中在头顶造型，额头两边要留一小束发条遮盖圆脸，刘海以不留为宜。

（3）长脸。长脸的特点是前额发际线较高，或下巴又尖又长，或脸庞比较清瘦而显得脸很长。长方形脸给人成熟理智的感觉，这种脸形如果要做出自然蓬松、可爱活泼的造型，发型梳理不宜高，刘海要三七分界或边分界，前额留出自然轻松碎刘海，以减少脸的长度感，加强宽度感。

（4）方脸。方脸的特点是两腮突出，前额线有棱角，柔和感不足，偏生硬。发型宜梳高一些，刘海要中分界或四六分界，把刘海或前额两侧略长的头发自然垂放，遮盖突出的两腮。

（5）三角脸。三角脸的特点是上额比较窄，下颚部比较宽。做造型时，刘海应自然垂放在前额，头发与前额的两侧略微蓬松，使脸形看起来接近椭圆形。三角脸不适合高刘海，可以留侧分刘海，以改变额头窄小的视觉。

（6）倒三角脸。倒三角脸的特点是上宽下窄，与三角脸刚好相反。做造型时，头顶头发可蓬松些，两侧头发从头顶、鬓角分出，置于下巴两侧，用卷发钳夹弯曲，以增加下颚宽度。

（7）菱形脸。菱形脸的特点是颧骨高，下巴尖。做造型时，头顶不宜过高，可采用自然蓬松造型，梳出自然轻松的碎刘海，靠近颧骨的头发应做前倾波浪，避免露前额，也不要把两边头发紧紧地梳在脑后（如扎马尾辫或高高盘起）。菱形脸不宜梳高刘海，刘海应尽量短些，做出参差不齐的效果，露出虚掩的额头，这样可以冲淡头顶的尖，弥补脸形的不足。

（8）有缺陷的脸形。有缺陷的脸形是指脸部五官的比例或某个部位不协调，如鼻子过高、凸下巴、短下巴、额头太高、额头太低、高颧骨等。

1）鼻子过高。在做此脸形的造型时，要重点放在前额的头发上，刘海可留多一些，长、短发均适用，从头顶两侧分出发条，垂在脸部两侧，这样可对高鼻子有所弥补，并分散视线。

2）凸下巴。在做此脸形的造型时，应从头顶两侧或鬓角分出发条，尽量靠脸部，两侧发条的长度以下巴为准，前额一定要留刘海，这样有利于弥补其缺点，长、短发均适用。

3）短下巴。在做此脸形的造型时，刘海的头发全部向后或向两侧梳理造型，头顶的两侧分发条，发条不宜长于下巴，并尽量使发条有柔和的卷曲。

4）额头太高。在做此脸形的造型时，刘海是掩盖额头太高的最有效的方法，头顶的造型不宜高，长、短发均适用。

5）额头太低。在做此脸形的造型时，可将头发全部梳向头顶，在头顶分出少许发条，在前额两侧自然垂放、点缀，但不宜过长。

6）高颧骨。颧骨高往往容易使脸显宽，并且使五官不鲜明，虽然这样的脸形给人以理智、成熟之感，但也容易给人刚烈的印象。在设计上，对突出的颧骨要用头发遮盖，也可用视觉错觉的方法来改变脸形。

2. 发型配合脸形的方法

发型与脸形的配合是造型设计中非常重要的一环，如果发型与脸形不相配，不但体现不出人的个性和气质，反而会破坏人的整体形象。

发型配合脸形的关键是对前额和两侧部分的处理，常用的有以下三种方法。

（1）遮盖法。遮盖法即利用头发组合成适当发型来弥补容貌上的不足，例如，用刘海来遮盖发际线过高的前额，用蓬松梳理来遮盖两侧过宽的额角，用前额的高刘海使圆形脸显得像椭圆形脸等，这些方法都是通过对视觉形象突出部分的发型进行适当修饰来达到掩盖不足的目的。

（2）衬托法。衬托法是将前额和两侧头发有意梳得蓬松一些，来衬托脸形的不足。如果脸形过长，两侧头发蓬松可使脸形变圆；如果脖颈过长，则可用中长而又蓬松的头发来衬托，以分散人们对脖颈的注意力。

（3）填充法。填充法是指借助头发或某些装饰来弥补头形和脸形的缺陷。例如后脑平凹，可将后部头发梳理蓬松，梳个发髻或加个发夹之类的装饰物，以起到填充作用。

以上三种处理方法并不是孤立的，而是相辅相成的，具体应该用什么方法并没有统一的规定，应以脸形、头形与发型相称为标准，还要考虑到顾客的年龄、职业、个性、爱好等多方面的因素。操作时，要灵活掌握各种处理方法才能使发型生动流畅，产生美的效果。

六、常用造型工具

造型是一门复杂的工艺，要正确掌握各类造型手法，首先要有一套得心应手的造型工具，正所谓“工欲善其事，必先利其器”。作为一名美发师，必须了解造型工具的种类和用途，并能灵活地加以运用，这样才能创造出优雅秀丽、多姿多彩的发型。

1. 盘发、束发、包发、编发常用工具（见图 2–32）

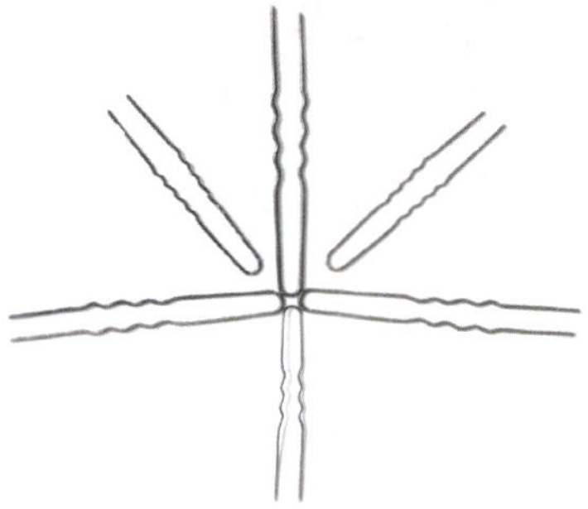

U 形夹：用来固定较多、较高、较厚的头发，
也用于暂时固定发片的形状

发夹：用来固定头发

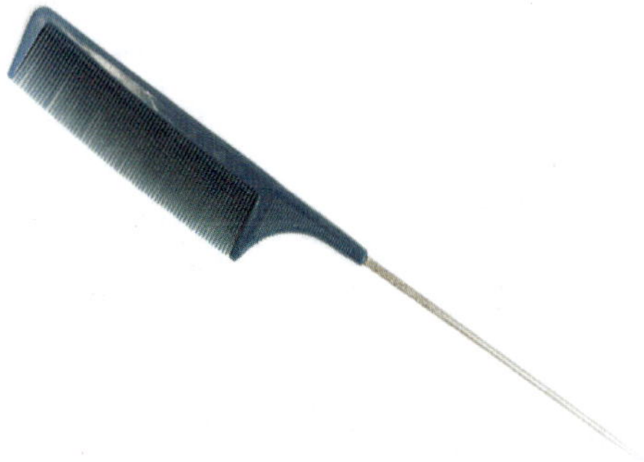

尖尾梳：用来分区、分层、倒梳和梳理头发

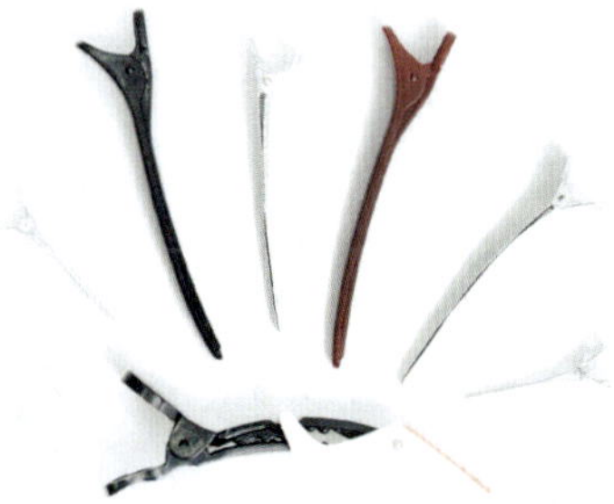

鸭嘴夹：用来暂时固定分区的头发

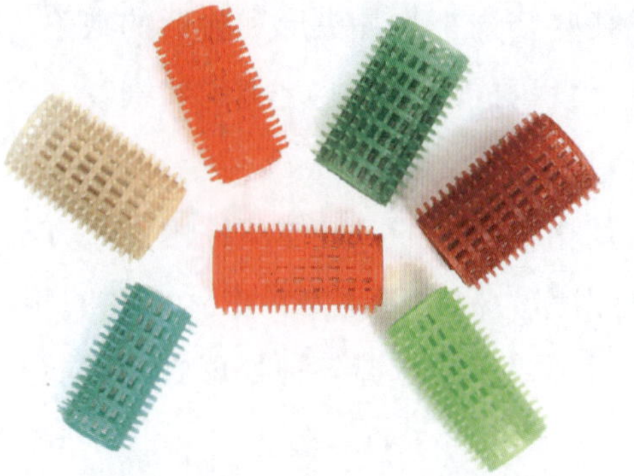

卷筒：用来定型头发、制造卷状纹理

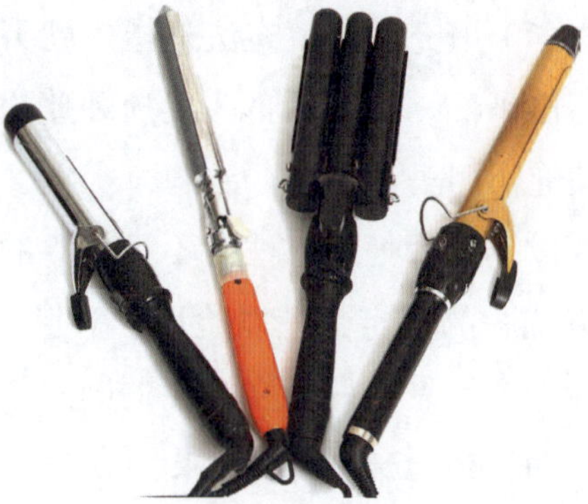

电热棒：用来夹卷头发

吹风机：用于头发的干燥和整形

假发：用来增加发长、发量或快速改变头发质感

发胶：用来定型头发，一般在造型过程中或在造型成型后使用

图 2–32　盘发、束发、包发、编发常用工具

2. 发夹的使用方法（见图 2–33）

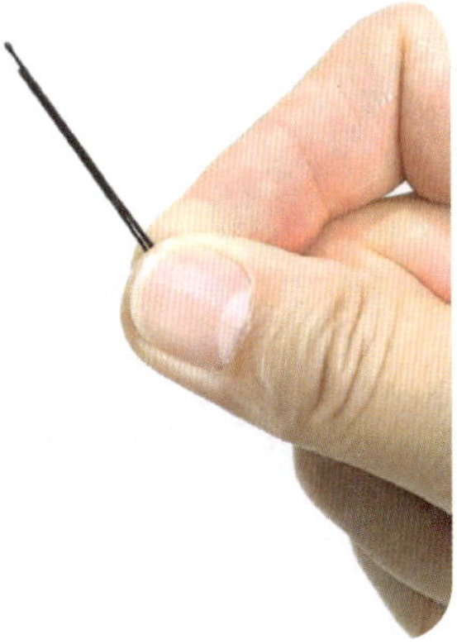

捏住夹尾，长的一端在上面

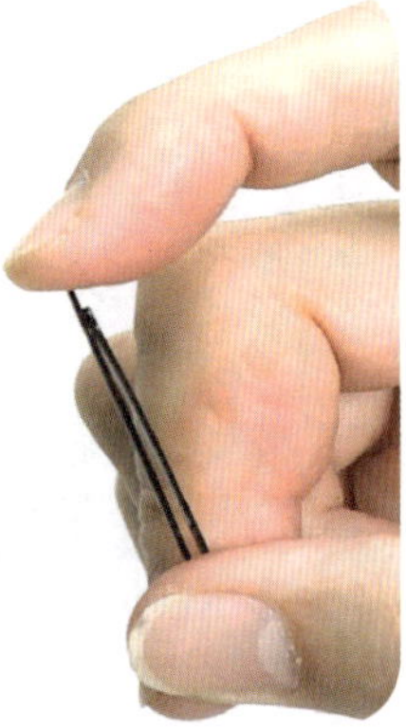

食指向前推开发夹

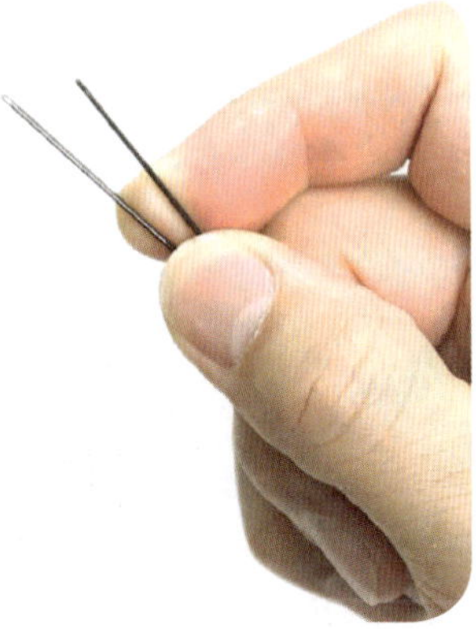

捏住发夹，通过食指挤入打开发夹

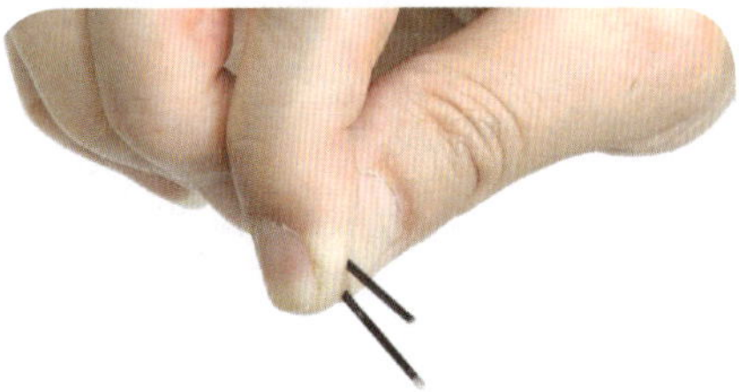

向下捏住打开的发夹，下夹时可转动发夹

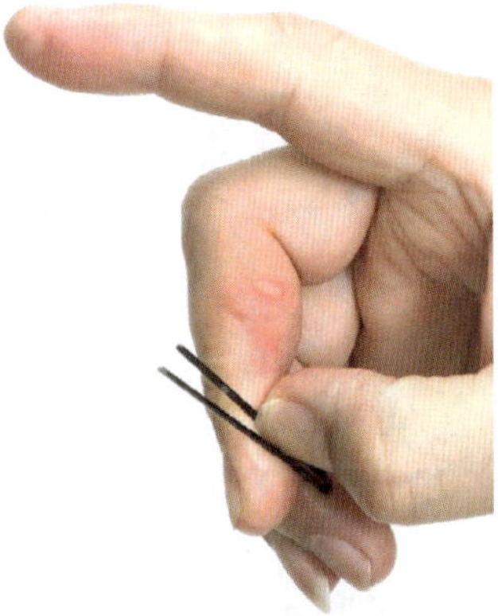

大拇指放入发夹中间，用指甲打开发夹

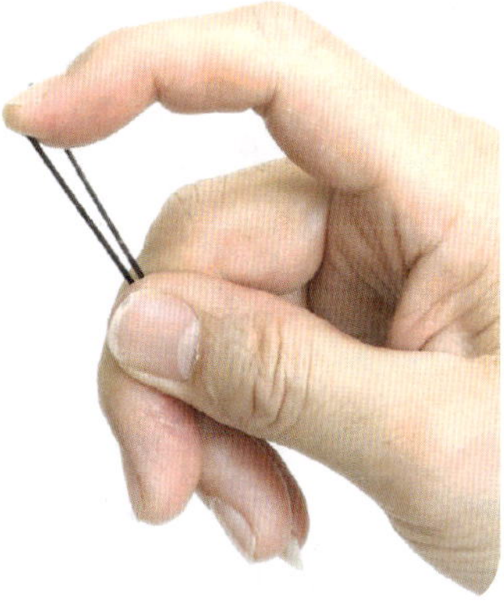

食指下压，向前推开发夹

图 2–33　发夹的使用方法

3. 尖尾梳的使用方法（见图 2–34）

常规持法：尖尾梳在使用的时候，梳齿朝下，
这也是最常用的手法

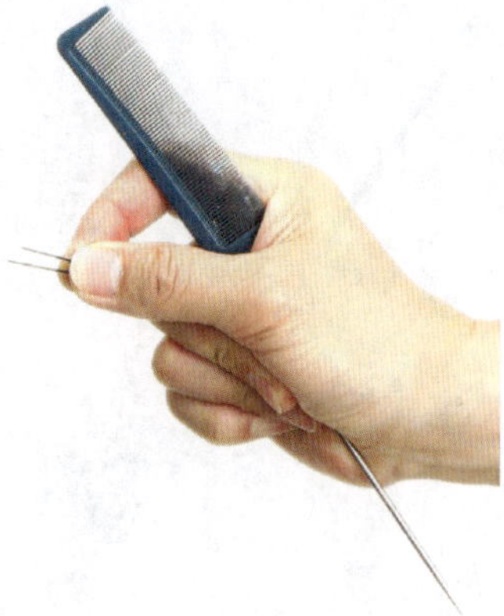

不用时持法：不用的时候尖尾梳朝上

翻转：在使用的时候可以灵活地向外翻

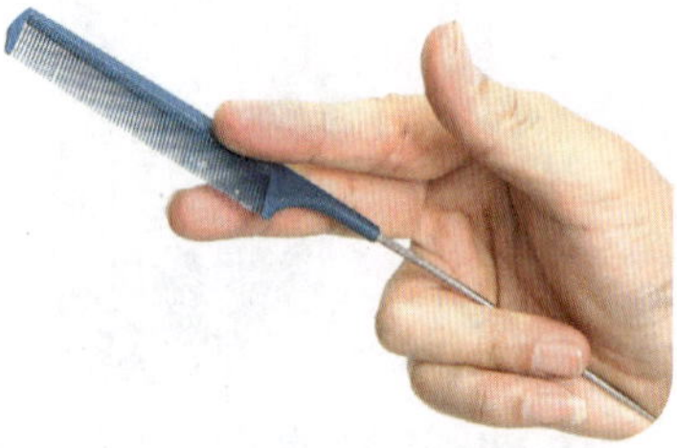

提升：在使用的时候可以灵活地提升头发

平压：在头发打毛的时候，梳齿可斜贴头发

图 2–34　尖尾梳的使用方法

4. 发胶的使用方法（见图 2–35）

常规喷射：对准喷射的目标并保持相对的距离，以免喷射到不该喷的地方

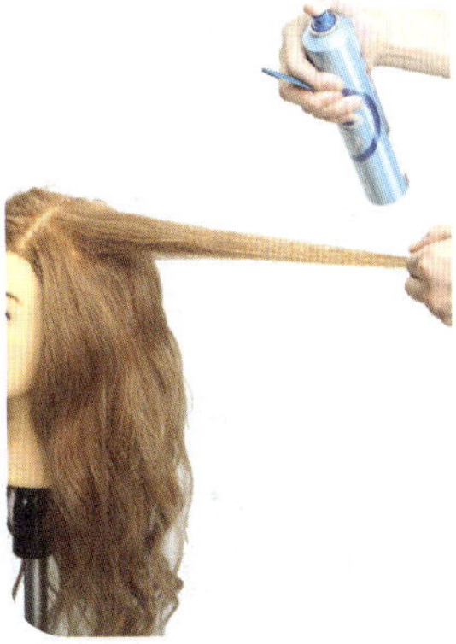

移动喷射：根据发型制作需要，可以选择来回移动喷射

反向喷射：根据需要可向上喷射，但一定要保持距离，以免喷射到不该喷的地方

喷涂法：可以将发胶喷洒在手上，然后再涂抹到头发上

喷胶保护：在喷发胶时用手遮挡顾客脸部，以免发胶喷射到顾客眼睛里

图 2–35　发胶的使用方法

七、经典生活类造型的方法与要求

1. 经典生活盘发造型

这里所指的“经典造型”，是指 20 世纪 20—60 年代的代表性发式。由于受到经济、人文、意识的影响，当时的女性追求的是端庄、有教养，呈现的是美丽而又文雅的形象，所以在发式结构上大都呈现出静态、紧凑、纹理清晰、块面大、波纹深的状态，以便更加突出女性的都市气息。那个年代的中外宣传海报和电影里面常常会出现许多典雅的生活盘发造型，给人留下深刻而又美好的印象。

在进行经典生活盘发造型时，不宜把头顶部位头发盘得过高，一般高度不超过两个手指，这样看上去才自然。盘发时运用形状纹理来调节轮廓效果和范围，通常都以整体发型收起盘绕来处理。

经典生活盘发造型如图 2–36 所示。

2. 经典生活束发造型

经典生活束发造型与盘发造型根本的区别在于束发是将头发分股用橡皮筋扎起来进行造型，而盘发以片为分区用发夹固定进行造型。束发大都用于头发较长、层次较低、发量较多的头发。束发以简洁、明快、块面适当、纹理清晰、起伏较大的特点来塑造形状，整个发型给人以干净、紧凑、优雅的经典感觉。生活束发造型要求不在做好的发型上插放任何装饰品，而且头顶部位不能过高，要自然、简单、块面少，在分股扎橡皮筋时要扎紧，然后将扎好的头发再进行绕盘，盘出各种形状即可。

经典生活束发造型如图 2–37 所示。

图 2–36　经典生活盘发造型

图 2–37　经典生活束发造型

3. 经典生活编发造型

编发在我国历史悠久。编发主要是运用编织的手法对头发进行操作，从少股到多股，从拧发到搓条，从干编到湿编，各种编发手法促进了发型的多样化。经典生活编发造型在我国 20 世纪 60—90 年代广为流行，在婚庆、宴会等场合以及平时生活中都可见到。编发的适用人群很广泛，儿童和青、中、老年女性都可以进行编发造型。

经典生活编发造型适用于层次较少的长发，如发型层次过多，顶部区域的头发则需要与刘海搭配在一起做吹风造型，以搭配整个发型。常用编发手法有二手辫、三手辫、四手辫、五手辫、七手辫至十三手辫，还可编织成许多造型别致的织网状，变化极多。全头编发完成后，喷上发胶、发油等可使发型巩固、光亮、饱满，体现端庄、大方、干练的气质。

经典生活编发造型如图 2–38 所示。

4. 经典生活晚妆发型

晚妆也称晚宴妆，晚妆发型一般适用于宴会、舞会及生日聚会等。发型的固定模式与整体轮廓结合，加以内部纹理的点缀，是晚妆发型设计的主要方式。

经典生活晚妆发型主要采用束与盘的技法，大块面的纹理与弧形及波浪相结合，各区域都有自己的作用，如刘海是发型与脸形结合的过渡区，侧发区又起到连接顶后头发的作用。发型制作必须要注意连接区域上下的融合度及它本身在发型中所起的作用，这样才能使晚妆发型达到要求：表面发丝整齐清晰，轮廓饱满，起伏圆润（需要时可使用假发作填充物），给人一种高贵典雅的视觉效果。

经典生活晚妆发型如图 2–39 所示。

图 2–38 经典生活编发造型

图 2–39 经典生活晚妆发型

八、现代生活类造型的方法与要求

1. 现代生活盘发造型

现代生活盘发造型主要是指在现实生活中可以合理搭配长裙、大衣、晚礼服、职业装等服装出席较正式场合的造型。现代生活盘发造型不能太过夸张，可以根据生活服装来设计，如正装、休闲装、运动装等。在设计时要注意变化，穿着正装时，要将轮廓及纹理梳理整齐，穿休闲装或运动装时，设计可随意松散一些，这样更容易被人们接受。现代生活盘发造型的操作要领在于简洁自然，外轮廓离脸形（头形）距离不要太大，盘发不要夸张、高耸，其形状以自然柔和、服帖、随意性强为主要特点。现代生活盘发的手法一般以束发扭绕、盘包、辫束混合、发夹应用、定型卷筒等为主。

现代生活盘发造型如图 2–40 所示。

2. 现代生活束发造型

现代生活束发造型既可以用于正式场合，也可以用于生活中其他场合。较为典型的手法是将头发紧贴头皮，用橡皮筋扎一个马尾，上舞台则可加一些闪亮的粉片以增加视觉效果，纹理均匀清晰。马尾有许多束发手段，束发位置从后颈部向上可以移动到前额部，甚至可以扩散到头部各个区域，也可以不只一束，尾部也有做成花瓣形、几何形、麻花形等各种造型，也可以加入修剪技法以丰富造型。

束发是为了避免人在活动时头发干扰视线而进行的非装饰性造型。随着社会的进步和人们生活的变化，束发逐渐成为各个年龄层塑造干练外形和可爱效果的造型选择。现代生活束发造型一般分为可爱类束发造型、职业类束发造型、运动类束发造型三大类，束发造型的原则是应有三分之一以上（含三分之一）头发被束结，造型要求标准为：额前无乱发，两鬓角不毛糙，后部不凌乱。现代生活束发的手法很多，既可以多束交叉扎结，也可以单一扎束之后分束造型。单一扎束的马尾可称为束发，但因其过于简单而不能够称为造型，一般还要在顶部或两侧或后脑勺部添加造型。

现代生活束发造型如图 2–41 所示。

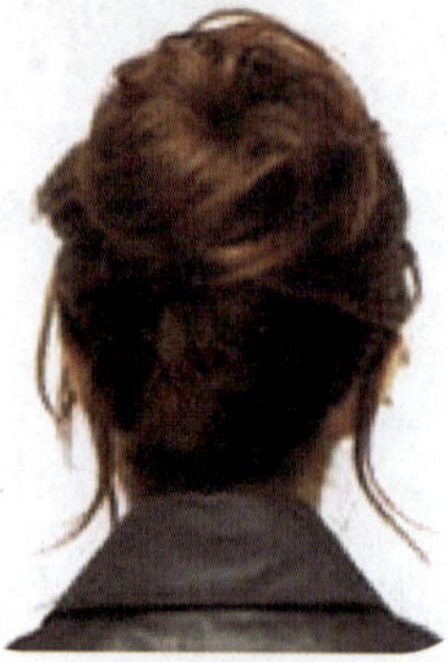

图 2–40　现代生活盘发造型

图 2–41　现代生活束发造型

3. 现代生活编发造型

现代生活编发造型以发辫造型为主。编发造型可分为混合编发造型和单一编发造型两类，以灵活多变、随意组合为特点。现代生活编发手法以扭编、交织编、单编、加发编织为主，造型要求紧致有型或蓬而不乱，边缘整洁无乱发，发辫纹理清晰，造型效果流畅。

现代生活编发造型如图 2–42 所示。

图 2–42　现代生活编发造型

4. 现代生活包发造型

现代女性比较喜欢留长发，因为长发可扎可盘，可根据场合变化发式造型。在正式场合中，披着凌乱的头发显然是不可取的，一般会将长发盘扎起来，将发梢包在里面，并用发夹固定，这就形成了包发。包发造型能充分体现女性高贵、文静、典雅的气质。

现代生活包发造型多采用束与盘的技法，操作上可选用大块面、纹理与弧形错位组合、波纹的“S”走向来配合包发造型，刘海要配合脸形，刘海与侧发过渡要符合头形，包发的发区之间要相互衬托，突出重点，有视觉冲击力。对发质差、发丝数量稀少者可使用假发进行填充。包发造型整体要求轮廓饱满、块面发丝整齐清晰、起伏过渡有序。

5. 现代生活晚妆发型

现代生活晚妆发型集盘发、束发、编发、包发等方法为一体，并以较为夸张的手法来凸显雍容华贵与妩媚，常常用于表演和正式高档晚会或派对。在设计时应充分运用对称、不对称、方向感、饱满度、对比度等方面的设计理念，并用色彩与饰品进行合理点缀。现代生活晚妆发型需要适度夸张，要与一般的生活类造型有明显的差别，不但要富有技术含量，还要与众不同。

（1）日常晚妆发型。日常晚妆发型通常是将各种辫子盘绕成发髻，造型原则是简单、大方、自然、亮丽与流行。日常晚妆发型简单、实用、易梳理。在造型时应注意点、线、面的组合，尽量减少琐碎、繁复的设计，突出重点部分，以凸显高雅的风韵。日常晚妆发型如图 2–43 所示。

图 2–43　日常晚妆发型

（2）晚宴妆发型。晚宴妆发型应体现现代与古典的综合美感，突出庄重华贵，与晚宴服饰相得益彰。由于晚宴妆发型常用于晚间的娱乐与社交活动中，因此发式宜搭配晶莹闪烁、溢彩流光的珠宝饰物，以达到光彩照人的效果。晚宴妆发型一般采用包髻的手法制作，需要注意梳理技巧，波纹应圆滑、流畅、精细。晚宴妆发型如图 2–44 所示。

图 2–44　晚宴妆发型

（3）新娘晚妆发型。新娘晚妆发型重在体现新娘的清纯、秀雅，并烘托新婚的喜庆气氛。新娘服饰一般华丽而隆重，发型设计应与服饰融为一体，要求线条明快，突出自然、清丽、别致的特点，以波纹、卷筒的手法制作，衬以淡雅的鲜花和晶莹的饰品，令新娘具有清纯俏丽的甜美感。新娘晚妆发型如图 2–45 所示。

图 2–45　新娘晚妆发型

九、饰品搭配

在生活类造型设计中，饰品是辅助性部分，它可以突出和强调发型的整体美。发型与饰品相辅相成，相互衬托。造型若是没饰品的衬托就会显得单一、沉闷，反之，不同款式的饰品搭配同款发型会表现出不同的个人风格；不同款式的发型搭配同款饰品也会展现出不同的个人风采；饰品佩戴位置不同，也会有不同的视觉效果。当然，如果造型与饰品搭配不当，就会破坏造型的整体美感；只有搭配得当，才能将女性的个人魅力展现出来。

1. 饰品的分类

用于发式造型的饰品主要分三类。

（1）花材类。如绢花类仿真饰品、果蔬类仿真饰品、各类植物花草等。

（2）纱网类。如各色纱网、软硬纱、各色缎带等。

（3）其他类。如珍珠、水钻、羽毛、皮毛、金属饰品等。

常用饰品如图 2–46 所示。

2. 饰品搭配技巧

（1）点缀。适合外形轮廓完整、表面精致的发型，能表现自然、端庄、柔和、清新的效果，一般选择小型饰品，如小的珍珠饰品、小型钻饰品、单花、羽毛等。

插梳：盘发中常用的饰品之一，适合各种年龄段的女性使用

发簪：发簪的使用方便又省时，可根据不同脸形、场合、服装做出不同的发型

马尾夹：常用饰品之一，根据脸形可盘出多种不同的发型

一字夹：盘发时起到固定碎发和点缀的作用

鲨鱼嘴夹：起固定头发和点缀作用

边夹：配合主体饰品能起到很好的点缀作用

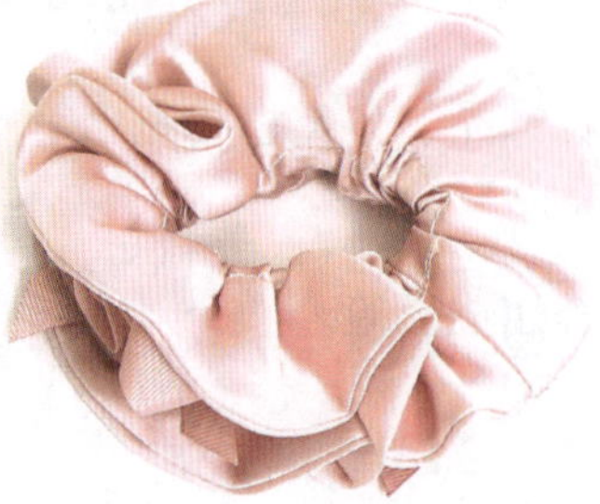

发束：发束最能体现东方女性的妩媚和温柔

边插：辅助类饰品，适用性强，用来点缀造型，增强动感

香蕉夹：此类饰品适用性强，可用于多款发型，既可固定头发，又能起到点缀作用

发卡：此款饰品简单实用，有非常突出的发型搭配效果

小皇冠：与不同发型搭配可以展现出不同的个人魅力

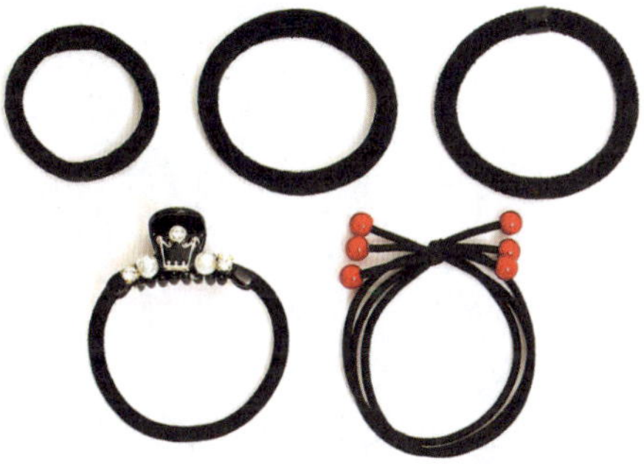

皮筋圈：用于扎头发，并能点缀造型

图 2-46 常用饰品

（2）正中装饰。一般选择皇冠、大花饰、珠花、金属网等。

（3）弥补发型。用于弥补侧面和额头的不足。在摆放饰品时一定要根据发型侧面的弧度，利用饰品衔接好发型与脸形的边界线。

（4）改善脸形。用饰品改善圆脸、长方形脸、菱形脸和倒三角形脸的造型效果。

（5）增加视觉冲击力。用饰品制造灵活多变的放射效果，既富有创意，又具有动感。

（6）衬托。用纱、花、叶片或造型纸做衬托，适合造型重点在后部的发型。

（7）包裹。用饰品大面积甚至完全遮盖头发进行造型。

3. 现代生活类造型的饰品搭配

（1）日常生活发型的饰品搭配。日常生活发型有简练、朴实、实用的特点。操作手法也不复杂，一扭一绕，用发箍固定即可，方便梳理。由于各人脸形、身材、年龄及服饰色彩不同，选用饰品也不相同。一般应该选择一些简单、素雅、不张扬的饰物，如发夹、发带、发插。儿童可选择艳丽些的饰品，以表现天真活泼；年轻人选配的饰品要少而艳；中年人选配的饰品要少而淡；老年人选配的饰品要少而暗，且佩戴的位置要低些。日常生活发型饰品搭配如图 2-47 所示。

图 2-47　日常生活发型饰品搭配

（2）晚宴妆发型的饰品搭配。晚宴妆发型庄重、高雅，适合出席正式的晚宴或者重要的盛典，这类发型所配饰品应以大方为主，以显风度，不能太过鲜艳，不然会与发型风格不协调。晚宴妆发型饰品搭配如图 2-48 所示。

（3）新娘晚妆发型的饰品搭配。新娘晚妆发型雍容华贵、精细美观、端庄秀丽，应配以细碎玲珑的饰品点缀，使新娘更显俏丽秀美。选用的饰品不仅要艳丽、华贵、高雅，还应有吉祥寓意。新娘晚妆发型饰品搭配如图 2-49 所示。

图 2-48　晚宴妆发型饰品搭配

图 2-49　新娘晚妆发型饰品搭配

技能要求

经典生活盘发操作

操作准备

准备尖尾梳、发夹、橡皮筋、夹子、发油、发胶。

操作步骤

步骤 1　喷发油，并将头发梳顺。

步骤 2　用带有发夹的橡皮筋在发束根部缠绕。

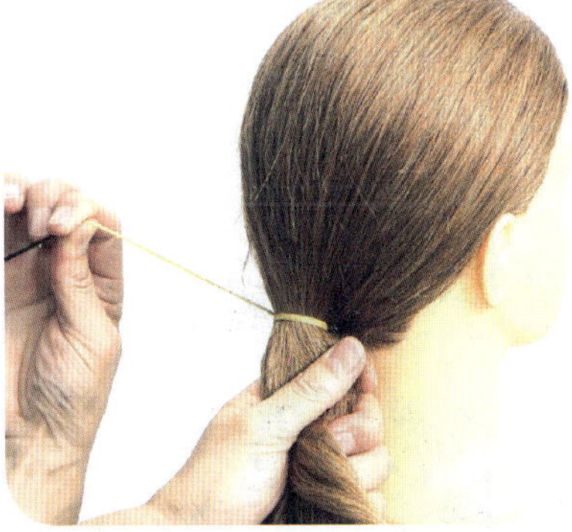

步骤 3　在弹性允许的情况下拉紧橡皮筋，在发束根部处绕第一圈橡皮筋。

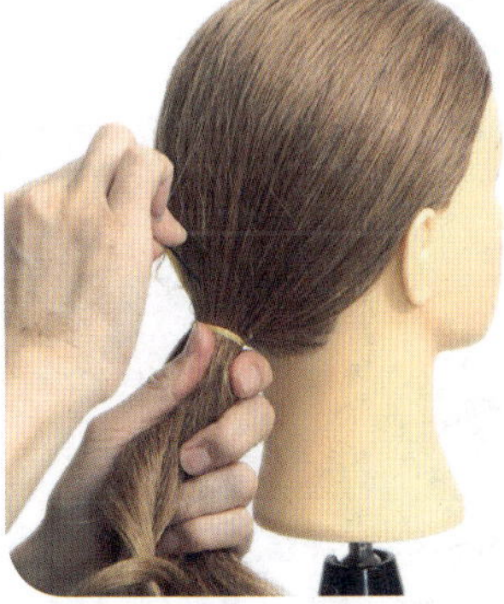

步骤 4　绕橡皮筋 2～4 圈后，将橡皮筋上的发夹插入缠绕的橡皮筋处，完成扎束固定。

步骤 5　将扎好的马尾分成上下左右四个区。

步骤 6　将最上面的一束发束进行打毛，使发根处形成一个块面。

步骤 7　将最上面的一束发束打毛处理后，拉宽拉阔至发束根部。

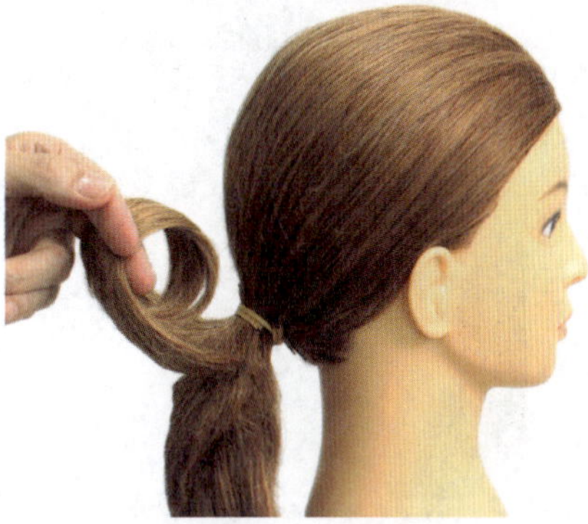

步骤 8　将打毛处理后的头发梳顺，向外卷成一个平行圆筒，卷至马尾的发束根上部。

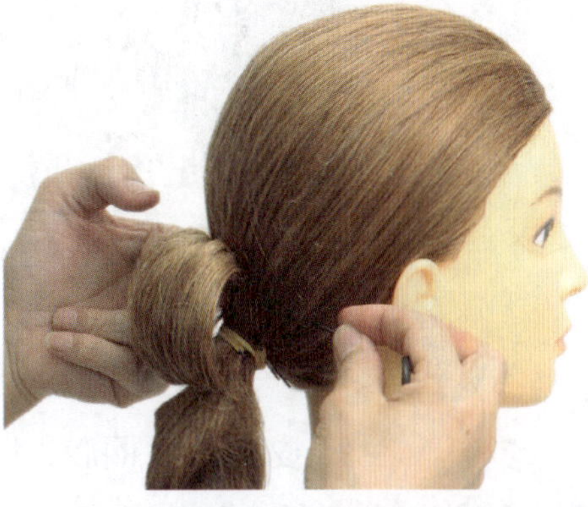

步骤 9　将卷成的平行圆圈放置于马尾的发束根上部并用发夹固定。

步骤 10　将右侧的发束拉向左侧并进行发根打毛处理。

步骤 11 将打毛处理后的头发梳顺，卷成一个平行圆圈，向内卷至马尾的发束根上部。

步骤 12 将卷成的平行圆圈放置于马尾的发束根上部并用发夹固定。

步骤 13 将左侧的发束拉向右侧并进行发根打毛处理。

步骤 14 将打毛处理后的头发梳顺，卷成一个平行圆圈，向内卷至马尾的发束根上部。

步骤 15 将卷成的平行圆圈放置于马尾的发束根上部并用发夹固定。

步骤 16 将第四片发束梳顺并进行打毛处理，左手的食指、中指夹住发根处，右手拉住发片向左进行绕圈。

步骤 17 将绕好的圈用发夹固定并保留发梢，喷发胶定型。

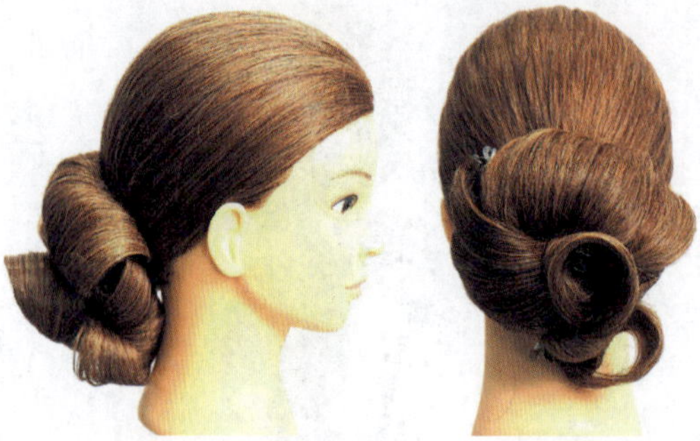

完成造型

注意事项

1. 头顶部位头发不宜过高。
2. 纹理要清晰、紧凑，块面要大。

现代生活束发操作

操作准备

准备尖尾梳、发夹、橡皮筋、夹子、发油、发胶。

操作步骤

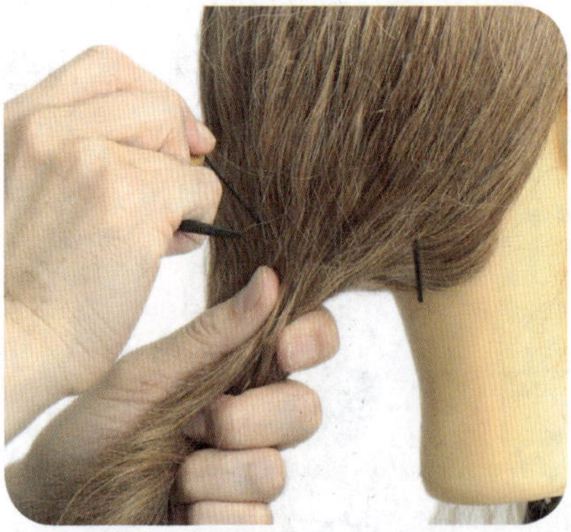

步骤 1 喷发油。除刘海区的头发外，其余头发全部向后梳，并用带有发夹的橡皮筋束发，先将发夹插入头发中。

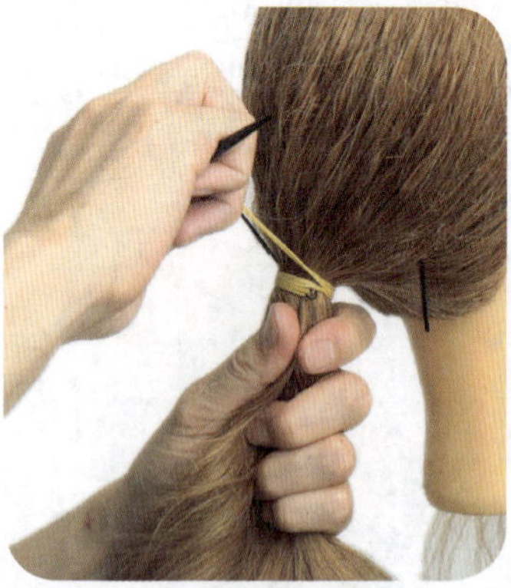

步骤 2 拉着另一端有发夹的橡皮筋缠绕头发发根部。

步骤 3　将上片头发梳顺并进行打毛处理。

步骤 4　将打毛后的头发向上卷成圈。

步骤 5　将卷成后的头发圈用发夹固定。

步骤 6　将发梢部分打毛拉成发片并进行发丝的纹理处理。

步骤 7　分出一片头发从左侧拉向右侧，打毛处理后梳头发。

步骤 8　将梳理后的头发做竖圈。

步骤 9　在原有的竖圈上面再做一个卷。

步骤 10　将发梢梳理成发片并拉出一个“C”形。

步骤 11　对发梢部分进行发丝的纹理处理。

步骤 12　将最下面的一束头发梳理通顺，并向内做圈。

步骤 13　对发梢部分进行发丝的纹理处理并用发夹固定。

步骤 14　将刘海区的头发向下拉并梳理通顺。

步骤 15 用尖尾梳压着头发的1/3处，发梢向上提拉。

步骤 16 形成刘海区的“C”形后用发夹固定并将发梢拉向另一侧。

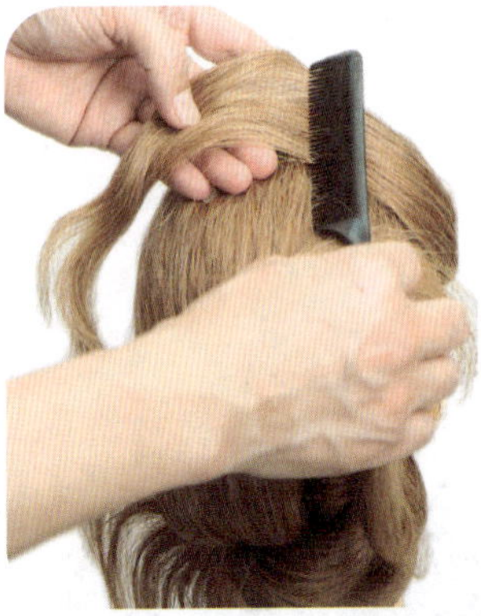

步骤 17 将发片的发梢梳理通顺。

步骤 18 将发梢部分卷起，形成一个长条卷圈。

步骤 19 将长条卷圈放在枕骨上部。

步骤 20 将发梢部分藏在里面，并用发夹固定，喷发胶定型。

完成造型

注意事项

额前无乱发，两鬓角不毛糙，后部不凌乱。

现代生活包发操作

操作准备

准备尖尾梳、发夹、橡皮筋、夹子、发油、发胶。

操作步骤

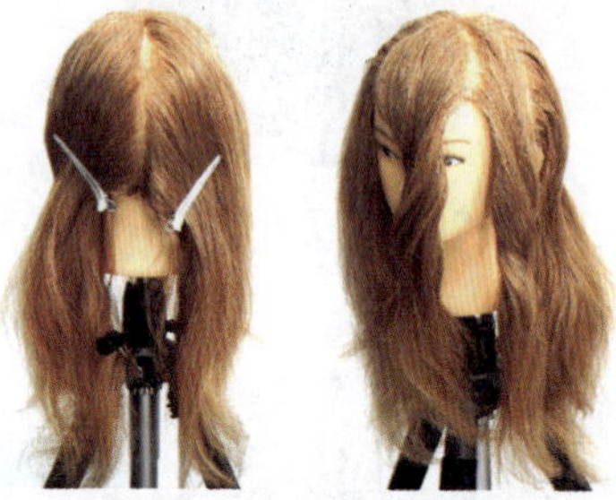

步骤 1 喷发油。梳顺头发。根据发型要求进行区域划分。

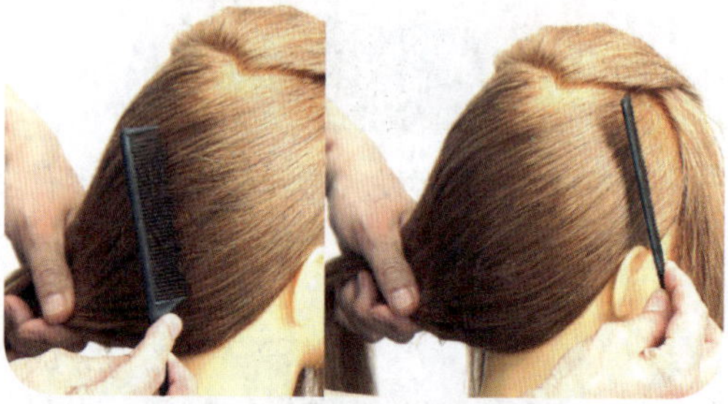

步骤 2 右侧头发梳理通顺后向左边拉。

步骤 3 将梳顺的头发用发夹进行固定。

步骤 4 将固定后的头发梳顺并向上卷圈。

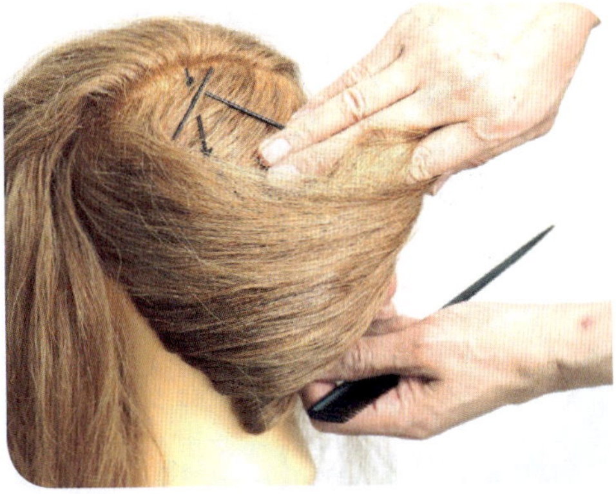

步骤 5　变换操作位置进行卷圈。

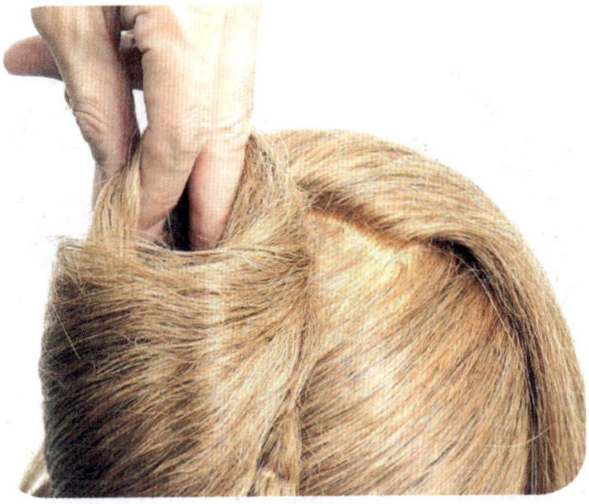

步骤 6　将头发梳顺并将发梢藏在里面。

步骤 7　完成卷圈后用发夹进行顶部固定。

步骤 8　用发夹在圈侧面固定。

步骤 9　将顶部头发梳顺并进行打毛处理。

步骤 10　将打毛后的根部头发梳理服帖顺畅并向内卷圈固定。

步骤 11 将刘海头发梳顺并做成“C”形。

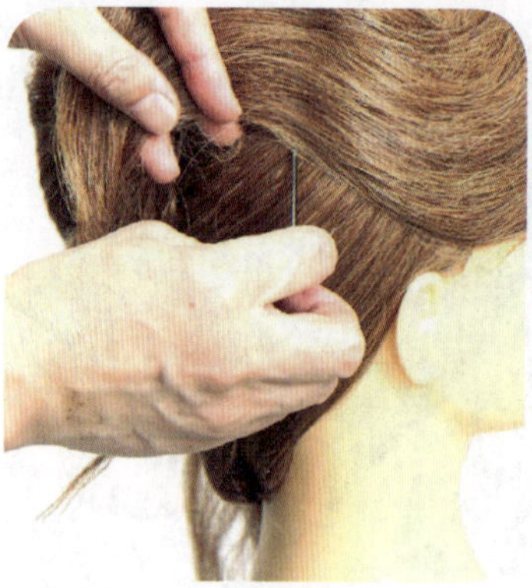

步骤 12 接着第一个“C”后再做成第二个反“C”形，形成一个“S”形并用发夹固定。

步骤 13 将发梢部分梳顺并卷圈处理。

步骤 14 将发梢部分的圈用发夹固定。

步骤 15 将左侧头发分片，将第一片头发梳顺并进行根部打毛处理。

步骤 16 将发梢部分做成扁圈并用夹子固定。

步骤 17　将左侧第二片头发梳顺，根部内卷并固定。

步骤 18　将发梢部分拉向另一侧。

步骤 19　发梢部分做一个扁圈并固定。

步骤 20　将左侧最后一束头发梳顺并进行打毛处理。

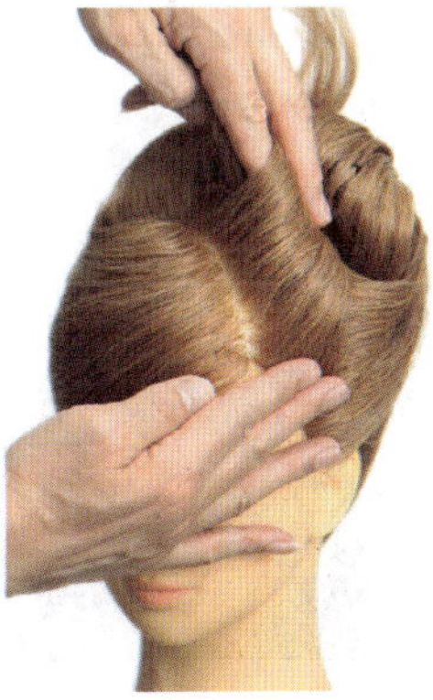

步骤 21　发根向内卷并用发夹固定。

步骤 22　发梢部分做圈并进行末端发梢纹理处理，喷发胶定型。

完成造型

注意事项

1. 纹理清晰、光滑。

2. 发型整体饱满、光亮。

现代生活编发操作

操作准备

准备尖尾梳、发夹、橡皮筋、夹子、发油、发胶。

操作步骤

步骤 1 喷发油，梳顺头发。在刘海区分出编发区域。

步骤 2 将分出的区域分成三股。

步骤 3 右边的一股拉压在当中一股的上面，并用左手的拇指与食指捏紧。

步骤 4 右手重新挑一股头发。

步骤 5 将挑出的发片理顺。

步骤 6 右手拉紧原有的当中一股，并将拉出的头发交给左手捏紧。

步骤 7 用右手的拇指和食指捏紧当中一股和左侧拉过去一股头发的交汇点。

步骤 8 左手重新挑一股头发。

步骤 9　用左手的拇指和食指捏紧当中一股和右侧拉过去一股头发的交汇点。

步骤 10　按以上手法依次编发。

步骤 11　在编发的时候，拇指与食指始终捏住两股头发的交汇点，以免头发松散或散落。

步骤 12　在后发际线以下的编发过程中，每一股加入的头发量要少一点。

步骤 13　在添加头发的时候一定要捏住两股头发的交汇点，避免松散。

步骤 14　编制发辫时，侧或右侧的头发添加量一定要少。

步骤 15 编制发辫结束时，用尖尾梳将发梢打毛。

步骤 16 将发辫卷绕至发根部并用发夹固定。

步骤 17 将发辫设置在所需的位置。

步骤 18 将发梢藏在里面，并用发夹固定好，喷发胶定型。

完成造型

注意事项

1. 边缘整洁无乱发。

2. 发辫纹理清晰、流畅。

思考题

1. 请简述男式平头、圆头、平圆头、游泳式的修剪质量标准。

2. 请简述女式长发、中长发、短发波浪的修剪质量标准。

3. 发式造型的设计要领有哪些？

4. 女式长发波浪造型的技术要求有哪些？

5. 请简述扁圈发卷和立圈发卷的盘法。

职业模块 3
剃须与修面

内容结构图

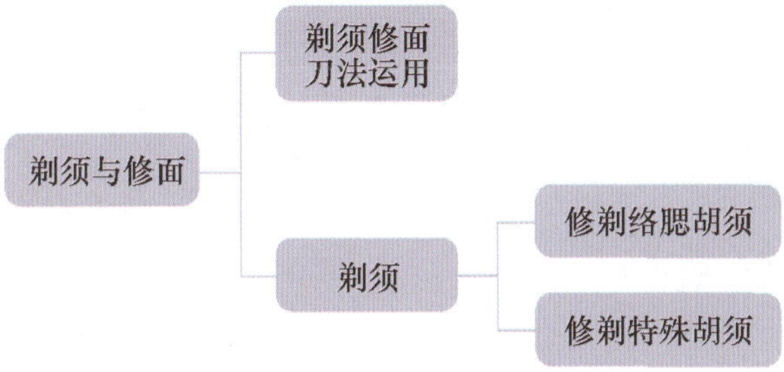

培训项目 1 剃须修面刀法运用

培训重点

掌握剃须修面基本刀法和手腕练习方法。

掌握长短刀法和“七十二刀半”修面方法。

能够选用合适的刀法进行剃须修面操作。

知识要求

一、五种刀法概述

剃刀既可剃须修面又可削发，用剃刀剃须修面是我国美发行业的传统技艺。剃须修面的五种刀法如图 3–1 所示。

二、长、短刀法的运用

长、短刀法是针对刀的行走路线的长短而言的，一般长刀的运行距离为 7 ~ 10 cm，即每一刀从落刀到收刀的间距在 7 ~ 10 cm，这是由每个人手腕摆动的幅度决定的。短刀的运行距离稍短一点，一般在 3 ~ 5 cm，当然，也有 1 ~ 2 cm 或更短的刀路。

长、短刀法的使用也有一定规律。对体态较胖的人多采用长刀法，对体瘦的人多采用短刀法；剃须时多用短刀法，修面时多用长刀法；胡须浓密粗硬时多用短刀法，胡须稀少细软时多用长刀法。总之，长、短刀法的选择主要由顾客脸部特征，如脸部凹凸与平坦，胡须多与少、粗与细、硬与软等诸多因素决定。

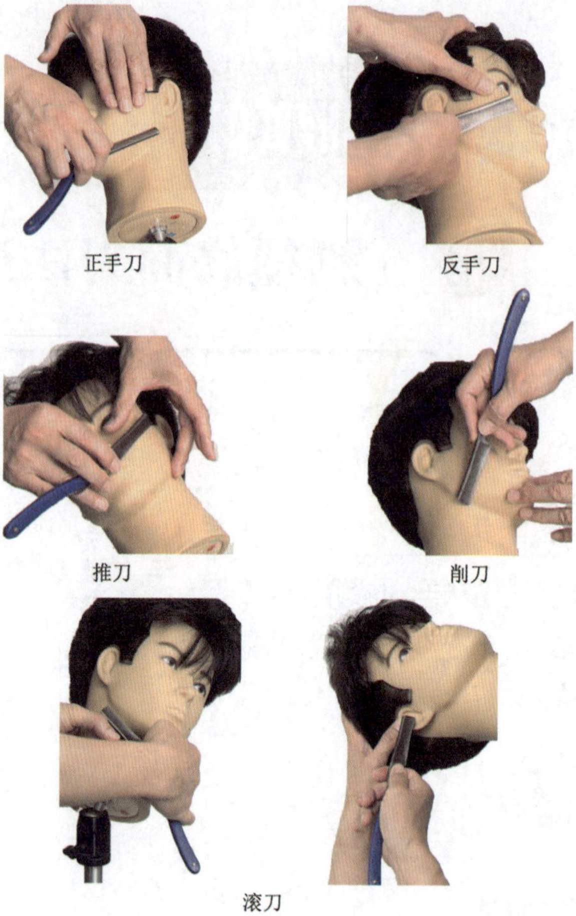

图 3–1　剃须修面的五种刀法

三、刀法的选用

我国是一个多民族的国家，由于自然环境、遗传以及生活习俗的不同，人的脸部特征千差万别。修剃刀法的选用主要取决于顾客的脸部轮廓。肥胖人的脸部比较丰满，脸颊部凹凸相对就少，给修剃带来方便，因此，正手刀、反手刀、推刀均可使用。体态较瘦的人，脸颊部凹凸十分明显，例如额骨前倾、眉骨突出、眼眶凸出、眼球凹陷、颧骨凸出、下颌骨显露、颞骨凹陷等，因此给剃须修面带来诸多不便。美发师必须根据实际情况来选用各种刀法。对体瘦或胡须浓密粗硬的顾客，应使用短刀（刀路要短），而不适宜用长刀。此外，还要使用多种刀法，并配合多种绷紧动作来协助修剃：颈部以削刀为主，用拉、捏的方法来修剃；额部用正手刀和短刀来修剃；脸颊部多以短刀和正手刀来处理。同时要不断变换站立位置，以利修剃。

四、“七十二刀半”修面方法

修面技术在我国有着悠久的历史，是一门“皮肤上雕花”的艺术。通过长时间的技术调整和完善，前辈高人总结出了一套完整的操作程序和精湛的操作技巧，运用多种持刀方法修剃整个面部的细毛。因这种修面的操作程序在整个运刀过程中，最少不得少于七十二刀半，后来就把七十二刀半的修剃方法确定为男士剃须修面的标准，统称为“七十二刀半”。

“七十二刀半”的先后次序大体是：从左额角起刀（也称落刀），持正手刀从左额修到右额角，包括修剃眉毛左右上眼睑皮共二十刀，具体操作顺序为额部自左至右，运刀从上而下七刀，左眉（眉头、眉弓、眉梢）三刀，右眉（眉头、眉弓、眉梢）三刀，眉中一刀，右上眼睑三刀，左上眼睑三刀；修左脸颊共十四刀，操作顺序为左鬓角三刀，眼部三刀，左下颌三刀，左颈部五刀；修左鼻颊三刀，左鼻翼三刀，左耳轮和耳垂六刀，共十二刀；修右脸颊共十四刀，具体方法同左脸颊的操作；修右鼻颊、右鼻翼、右耳轮和耳垂，共十二刀；以半刀的操作方法在鼻梁上自上而下至鼻尖收刀。整个操作程序共用七十二刀半。

五、手腕练习

在剃须修面时，美发师运刀的手腕一定要灵活。手腕灵活，运刀巧妙，能让顾客感到舒服，更能体现美发师“皮肤上雕花”的功底。因此，美发师必须每天早晨进行手腕灵活度的练习，提高剃须修面时的手腕运刀技巧。

1. 美发师的上肢操作姿势是将两臂抬起，与肩相平，两肘向胸前弯曲 75°，呈弧形，肌肉放松，呼吸均匀。

2. 手腕练习的核心是摇腕，练习姿势是：两臂抬起，右手掌心向下，手背与手腕在一个平面上，右手拇指张开其余四指自然弯曲，左手张开成“八”字形，中指搭在食指上，无名指与小指自然伸直，拇指与食指的距离扩大到最大限度，练习时两臂与左手不动，右手手腕在平面上左右摇摆运动。

技能要求

剃须修面操作

操作准备

准备剃刀、刀片、剃须泡沫、毛巾，检查工具用具情况。

操作步骤

涂抹剃须泡沫→焐热毛巾→更换新的剃须刀片→再次涂抹剃须泡沫→剃须操作→用毛巾擦拭→修面操作→用毛巾擦拭→面部按摩。

注意事项

1. 操作前应充分了解顾客情况，如了解顾客有没有局部留须的爱好，口腔里是否有假牙（特别是满口假牙），脸部皮肤有无疮、疤痕、瘤子或其他皮肤疾病。

2. 操作前应检查工具用具，如刀具是否有尖角、缺损、不锋利的情况，毛巾温度是否适宜等，对年老体弱的人要注意椅子不宜放得太低。

3. 焐热毛巾时不要盖住顾客的鼻孔或弄湿顾客的衣领。

4. 宜顺剃或横剃，逆剃不宜过多，否则皮肤容易受伤出血。经常逆剃还易造成鸡皮肤型胡须，而鸡皮肤型胡须容易引起皮肤病。一般剃须顺序为先顺，后横，再逆，再顺。

5. 注意剃须运刀角度，当剃刀锋刃接触皮肤时，刀背应倾斜，因为这样的角度，刀锋是倾斜着从毛发侧面近于横着切进去的，切断力强，且不易刮破皮肤。对于胡须较粗硬、毛发强韧的，刀锋的倾斜程度可以稍大一些，接近于斜切。

6. 在剃人中部位时，两指必须绷紧，否则不易剃净。

7. 剃须时应掌握好力度。

培训项目 2　剃须

培训单元 1　修剃络腮胡须

培训重点

了解络腮胡须的特点。

掌握络腮胡须的修剃方法。

知识要求

一、络腮胡须的特点

人的胡须由于生理条件的不同而各有差异，络腮胡须是指男性胡须比较茂盛，与两鬓角的头发相连接。

二、络腮胡须修剃前的处理

1. 蒸汽喷雾剃须

用离子喷雾器替代热毛巾，使胡须在蒸汽的作用下变柔软，皮肤始终保持湿润，毛孔始终处于扩张的状态。

美发师将离子喷雾器喷出的雾状蒸汽对准顾客的胡须部位及面颊部，蒸 5 min 左右，涂上剃须膏或剃须泡沫，在离子喷雾器的作用下剃须。这种剃须方法对冬季胡须修剃和络腮胡须修剃非常有效。

2. 用凡士林代替剃须膏剃须

用热毛巾焐好胡须以后，用凡士林代替剃须膏涂抹在胡须部位及面颊，再进行剃须。

这种剃须方法有两个关键点：首先是要有娴熟的刀功，其次是左手的绷紧动作要配合得恰到好处。凡士林是油性物质，它可以滋润皮肤，使皮肤处在一定的油脂环境下，不会干燥。在修剃时，它不会使皮肤受损，还能填补毛孔的空隙，使皮肤不会受到刺激。使用这种方法，顾客会感到十分舒适、滋润。

三、络腮胡须的修剃方法

对长有络腮胡须的顾客，若体态偏瘦且胡须呈黄褐色者，一定要选择非常锋利的刀具，而且要使用短刀，刀的运动线路要有一定的斜切线，这样才能顺利地切断胡须。若顾客体形较肥胖，胡须色黑而粗，这样的胡子质脆、容易切断，按照次序正常修剃即可。

培训单元 2　修剃特殊胡须

培训重点

了解特殊胡须的特点。

掌握特殊胡须的修剃方法。

知识要求

特殊胡须包括浓密粗硬型胡须、螺旋形胡须、鸡皮肤型胡须、黄褐色胡须和瘦人胡须等。

一、特殊胡须的特点

浓密粗硬型胡须比较粗硬，胡须的数量很多，多数也是络腮胡须。

螺旋形胡须的生长流向呈螺旋状，螺旋的大小、数量与生长部位各不相同。

鸡皮肤型胡须在每根胡须根部的皮肤上生有小疙瘩，密密麻麻的小疙瘩很容易被刮破。

黄褐色胡须生长的毛孔比较大，胡须质地特别坚韧。

拥有瘦人胡须的顾客脸部的肌肉不丰满，特别消瘦，修面时运刀不太顺畅。

二、特殊胡须修剃前的处理

特殊胡须修剃前的处理方法与络腮胡须相似。

三、特殊胡须的修剃方法

1. 浓密粗硬型胡须的修剃方法

浓密胡须一般都很粗硬，而且多数是络腮胡须，故在修剃前焐毛巾的时间要长，要焐透，必要时可用热毛巾再焐一次，直至皮肤呈红色。涂抹的皂沫（剃须泡沫）要浓，可以多涂抹一次，这样胡须才能软化，易于剃净。否则，胡须焐不软，皂沫刷不透，剃须时皮肤易出血珠（也称为朱砂），达不到修剃效果。

修剃浓密粗硬型胡须的操作顺序与一般剃须操作基本相同，但采用的刀法是弧形刀法，短刀斜剃（一般正手刀或反手刀在修刮时都呈弧形状，而短刀斜剃在修刮时锋刃呈斜形斜切，幅度小），切一刀再向前斜切，这样可缩小切断面，易于切断胡须根部，减少刮剃重复次数，以免顾客脸部疼痛、出血珠。修剃时，手腕要灵活，落手要轻，否则即使采用这种手法，也会令顾客感到疼痛。

在修剃时，绷紧的方法与刀法必须配合得恰到好处。在剃第一刀时，不能用两根手指平均用力绷紧，因为胡须多而粗硬，若两指平均用力，不仅不易绷紧，而且剃刀的锋刃刮上去便会跳起来，甚至会刮出血珠。因此，必须以拇指用力绷紧，待开刀之后，再用中指与食指配合。

2. 螺旋形胡须的修剃方法

操作前首先要先确认胡须螺旋的部位以及螺旋的方向。其次，皂沫必须涂得浓，热毛巾要焐透。操作方法基本上与浓密粗硬型胡须相同，但最好用横剃代替逆剃，因为这种胡须逆剃易出事故。同时，还必须依照螺旋的方向刮剃，绷紧的长度要短，要顺着胡须生长方向用刀，锋刃的倾斜度宜小不宜大。

3. 鸡皮肤型胡须的修剃方法

这类胡须的特点是在皮肤上有密密的小疙瘩，通常是由于经常逆剃或顾客自己拔胡须所导致。修剃时应注意：

（1）涂皂沫时，涂刷的力度要比一般胡须用力一点，这样可使毛孔内的脏物排出，并且使疙瘩的凹进处浸透皂沫，使其易软化。焐热毛巾的时间也应比浓密粗硬型胡须长一些，以使须根软化。

（2）修剃时，落手应特别轻，刀锋倾斜角度在 35°~ 40°。如果角度太大，则不易切断。在绷紧的拇指和中指中间用刀要均匀，如不均匀，须根会倒向一边，不易剃净。

4. 黄褐色胡须的修剃方法

黄褐色胡须的特点是质地特别坚韧，修剃时比较困难，尤其是下颌骨和上嘴唇部分最难处理。修剃时应注意：

（1）涂的皂沫必须要浓，热毛巾要焐透，便于切断胡须根部。锋刃倾斜角度在 25°~ 45°。刀面不宜拉得太长。

（2）持刀的角度应视部位的不同而变化。顺剃至下颌部位时，刀口要站起来一些，锋刃与皮肤的接触角度要小。因为刮剃这一部位时，手腕不易转弯，不利切断胡须根部。

5. 瘦人胡须的修剃方法

在处理瘦人胡须时，关键是绷紧，绷紧的动作以拎拉、捏拉为主。如左手绷紧配合好了，那么在刀的使用上应以短刀、碎刀为主。

思考题

1. 请简述络腮胡须与特殊胡须的特点。
2. 请简述长、短刀法使用方法。
3. 请简述剃须修面刀法的选用方法。
4. 请简述“七十二刀半”修面方法的程序。
5. 剃须修面操作时应该注意什么？

职业模块 4 漂发与染发

内容结构图

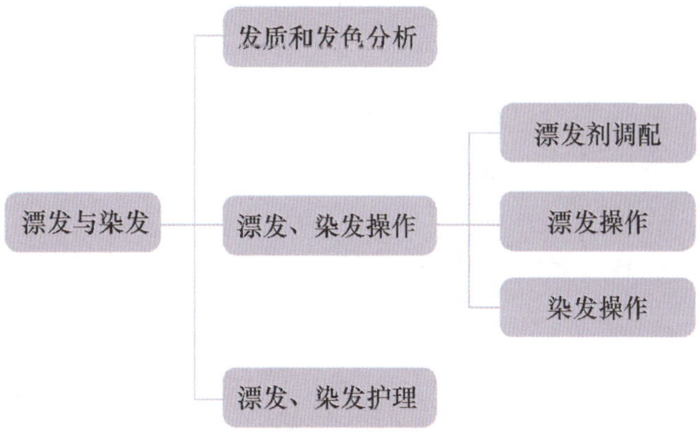

培训项目 1

发质和发色分析

培训重点

了解头发颜色的差异变化。
了解基色和目标色的概念。
能够对发质和发色进行分析。

知识要求

一、头发颜色的差异变化

所有的天然发色都是由黑色色素和红色色素组成，它们存在于皮质层中，黑色色素从外观来看是深棕色至黑色，决定着天然发色的深浅。如果皮质层含有丰富的黑色色素，发色就会显得深；如果色素的浓度低，发色就会显得浅。红色色素是由红至黄排列的，是使头发显现红色或金色的调节因素。黑色色素和红色色素的比例决定了头发的颜色。

1. 黑色头发

黑发之所以显现黑色是由于含有密集的黑色色素。漂发时，会发现头发变成红色或橙色，这是因为黑色色素在过程中被分解，并形成派生物，反射出红色。

2. 棕色头发

棕色头发的红色色素并不像黑发那样被黑色色素包裹，视觉上会反映出棕色发色。

3. 浅金色头发

浅金色头发的黑色色素浓度更低，在各种天然发色中，浅金色的色列最为宽广，视觉上红色色素清晰可见。

4. 红色头发

在这种头发中，只含很低浓度的黑色色素，红色色素占主导地位，色调从赤褐色到红铜色。

5. 灰色头发

在灰白头发中不存在有色素，白发的形成是一个衰老的过程，它的产生是由于色素的形成被破坏。

自然黑发会从黑→褐→红→金红→金黄→黄→浅黄，最后变成极浅黄色（接近于白色），这是漂发时头发颜色改变的整个过程。

二、基色和目标色的选用

在漂、染发操作前，首先要会识别和选用基色和目标色。基色是不含有色调的人工色素，而目标色是指染发后呈现出来的发色。一般通过色板来识别基色和目标色。在色板上，通常将基色单独放在一个版块内，并以 .0 或者 /0 来表示，如 4.0 或者 6/0 等。目标色由色度和色调所组成，如 5/5、6/4 等。

选用基色或者目标色，关键是看顾客的原发色的条件和顾客想要达到的效果。在与顾客沟通时，美发师需要观察了解顾客的原发色，通过与色板上基色或者目标色的色号进行对比，选取所需要的颜色色号。基色通常用在浅色染深或者盖白发的项目中。顾客有时也会直接选用目标色染发，如果色板中没有顾客所要的目标色，那就需要发型师自行调配。

三、发质和发色的分析方法

1. 发质分析

通过触摸和观察的方式，可以了解头发的本身质地、弹性以及光泽度，从而分析判断头发的发质。

（1）正常发质。头发有光泽，色泽黑亮，弹性好，是带自然弧度的直发。

（2）细软幼弱发质。头发光泽度一般，颜色偏棕色或浅棕色，弹性较弱，细软，是没有弧度的直发或天然卷发。

（3）抗拒性发质。头发有光泽，色泽黑而油亮，有弹性，粗硬，是没有弧度的直发或天然卷发。

（4）受损发质。头发光泽较差，色彩较为暗淡，弹性较差，手感干涩。

（5）极度受损发质。头发无光泽，色泽暗淡、枯黄，无弹性，手感绵软或非常干涩。

2. 发色分析

通过色板的对比，可以分析顾客原有发色的色度级别和色调，从而选取相应的基色或目标色进行漂、染发操作。由于头发的粗细不同，目标色的深浅度要做适当的调整。细发（直径 0.06 mm 以下），应选择比目标色深一度或半度色的染发剂；正常粗度（直径 0.06 ~ 0.09 mm），可直接选用目标色染发剂；粗发（0.09 mm 以上），盖白发时要选择比目标色深一度的染发剂，染浅色时要选择比目标色浅一度的染发剂。

发质与发色分析是整个漂、染发过程的标准和依据，所以每次漂、染发之前都要进行。有时候会碰到发质与发色判断出现偏差的情况，比如有些头发天生偏黑偏深，但是却非常细软。这时可以试着将所调配的漂发剂或染发剂涂刷在一小片头发上，观察显色所需要的时间和所配发剂浓度是否合适，以此来判断头发究竟属于哪种发质。

培训项目 2 漂发、染发操作

培训单元 1 漂发剂调配

培训重点

了解漂发的原理。

了解影响漂发剂的漂浅能力和反应速度的因素。

掌握漂发剂的调配方法。

一、漂发的原理

漂发剂（褪色剂）由漂粉和双氧乳（过氧化氢）组成。双氧乳呈牛奶状，其有效成分是过氧化氢（H_2O_2），这是一种能够消除色素的物质，可以软化头发的表皮层并渗透到皮质层中，收紧头发，把皮质层中的天然色素分子带出表面，再加上漂粉吸收色素的功能，达到减少色素的效果，使头发变浅。头发色素含量随着漂洗程序的进行而不断改变，改变量由漂发剂的浓度大小和停留在头发上的时间长短而定。最先被洗掉的颜色是头发中颜色最深的蓝色粒子，其次就是红色粒子，最后是最浅的黄色粒子。颜色越浅的色素粒子体积越小，在皮质层中的数量也越多，这就是头发很难一下子被漂得很浅的原因。

二、漂发剂的调配方法

漂发剂的材料一般为漂粉和双氧乳。漂粉种类繁多，但效果大同小异，因此漂发时多数都是以选择双氧乳的不同浓度，以及选择漂粉和双氧乳的不同调配比例来实现不同的效果。双氧乳最常用的浓度为 3%、6%、9%、12%，在包装上，分别标以 10、20、30、40 作为区别。双氧乳的浓度越高，对头发的损伤越大；反之，浓度越低损伤越小。因此，在为顾客漂发时，应根据顾客头发状况和漂染需求选择合适的双氧乳浓度和调配比例，在能达到所需褪色效果的同时，尽量减少对头发的损伤。

1. 双氧乳浓度选择

一般情况下，漂粉和双氧乳的搭配比例为 1∶2，也就是按一份漂粉加两份双氧乳的比例来调配。双氧乳在漂发操作中常用浓度为 6%、9%、12%。3% 的双氧乳效力过低，难以实现褪色效果，因此通常不会用到。

顾客的原生发需要大跨度调整颜色时，双氧乳选择原则如下：颜色级别跨度在 3~4 级时，选用 6% 的双氧乳；颜色级别跨度在 4~5 级时，选用 9% 的双氧乳；颜色级别跨度在 6 ~ 7 级时，选用 12% 的双氧乳。

而在顾客染过头发，需要染浅时，可选择：颜色级别跨度在 1 ~ 2 级时，选用 6% 的双氧乳；颜色级别跨度在 3 ~ 4 级时，选用 9% 的双氧乳；颜色级别跨度在 4 ~ 5 级时，选用 12% 的双氧乳。

漂发时双氧乳的选择是根据发质以及目标色和原有发色的级别跨度来决定的，通常头发越健康，颜色级别跨度越大，选用的双氧乳的浓度就越高；反之，头发受损越严重，颜色级别跨度越小，选用的双氧乳的浓度就越低。

2. 漂粉和双氧乳调配比例选择

一般情况下漂粉和双氧乳的搭配比例是 1∶2，但特殊情况下也可以有所变化。

（1）只需要轻度褪色。可按漂粉∶6% 双氧乳 =1∶3 的比例来调配，这样调配的漂发剂力度较弱，褪色力较小。

（2）需要均匀褪色效果。可按漂粉∶12% 双氧乳 =1∶3 的比例来调配。由于在漂发操作中，难免会造成先涂刷的头发和后涂刷的头发色差较大，而 12% 的双氧乳效力较强，褪色较快，按照 1∶3 的配比调配可以让所有头发的褪色效果更加一致。

（3）为抗拒性发质的头发褪色。这类头发一般比较粗硬，褪色较慢，可按漂粉∶6% 双氧乳 =1∶2 的比例来调配漂发剂，进行第一遍漂发，目的是尽可能多地打开头发的鳞状表层。漂发操作完成等 20 min 后洗头，吹干后再根据现有发色级别，调配漂、染发剂继续漂染，这样漂染的效果比较均匀和稳定。

（4）为受损发质的头发褪色。这类头发需要漂发的情况多数是染过较深的颜色需要改色，建议仍以 6% 作为第一遍漂发用的双氧乳，但是染黑过的头发，就需要以 12% 的双氧乳进行第一遍漂发，以尽可能多地带出人工黑色色素，比例配方为漂粉: 12% 双氧乳 =1∶3。这样调配出的漂发剂浓度较低，对头发的损伤也较小。

三、影响漂发剂的漂浅能力和反应速度的因素

1. 双氧乳浓度

双氧乳浓度低则漂浅能力弱，反应速度慢，对头发的损伤小；浓度高则漂浅能力强，反应速度快，对头发的损伤大。

2. 漂粉与双氧乳调配比例

漂粉与双氧乳等比例调配时漂浅能力强、反应速度快，1∶3 的比例调配时漂浅能力弱、反应速度慢。

3. 温度

温度高则漂浅能力强，反应速度快；温度低则漂浅能力弱，反应速度慢。

4. 发质

抗拒性或油性发质漂浅能力弱、反应速度慢，多孔性或干性发质则漂浅能力强，反应速度快。

培训单元 2　漂 发 操 作

培训重点

能够进行漂发操作。

技能要求

漂 发 操 作

使用漂粉与双氧乳进行褪色处理，将头发中的自然色素去除，这样再进行染色处理可以达到提高色彩明亮度的效果。

操作准备

1. 通过观察和触摸的方式，了解顾客的发质和发色。根据顾客的发质发色条件，选择适当的双氧乳浓度以及漂粉与双氧乳的配比。

2. 准备围布、毛巾、披肩、护耳套、染刷、染发碗、电子秤、计时器、宽齿梳、木梳、洗发水、护发素、夹子、漂粉、双氧乳。

3. 调配漂发剂。

操作步骤

步骤 1 用围布、毛巾、披肩做好准备，毛巾用护耳套保护好耳朵。根据设计要求将头部头发进行十字分区。

步骤 2 在后发际线的左侧部挑出一片头发，发片不宜挑的太厚。

步骤 3 在挑出的发片上涂刷漂发剂，涂刷的时候发根靠近头皮 1 cm 内处不用涂。

步骤 4 自然摆放涂刷完成后的发片并依次涂刷上一层发片。

步骤5　完成左后侧区域的操作。

步骤6　开始操作右侧，在后发际线的右侧部挑出发片。

步骤7　在挑出的发片上涂刷漂发剂，涂刷的时候发根靠近头皮1 cm内不用涂。

步骤8　后部区域涂刷漂发剂后自然摆放。

步骤9　进行鬓角区的涂刷，在右侧鬓角区域发际线处挑出一片发片涂刷漂发剂。

步骤10　依次向上一层逐层涂刷，右侧鬓角区域涂刷完成后自然摆放，左侧鬓角区域涂刷同右侧操作。

步骤 11　完成整个发区的涂刷以后，用宽齿梳将所有头发梳松，保持通透感，便于漂发剂的氧化。

步骤 12　等待氧化，时间长短可根据褪浅的级别决定，如需加快褪浅速度，可以加热。

步骤 13　褪浅时间到了以后，用漂发剂补发根，注意此时的漂发剂应使用比漂浅发中发尾的漂发剂低一个浓度级别的双氧乳。

步骤 14　用木梳梳顺补发根的漂发剂，千万不要将漂发剂堆积在一起。

步骤 15　用夹子固定，保持头发的通透感，停放一段时间。

步骤 16　停放时间足够后，做发束检查，看头发的褪浅程度是否达到预定要求。

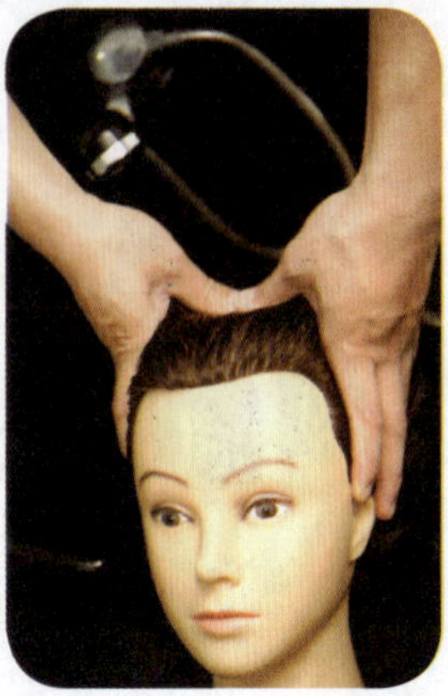

步骤 17 冲水乳化，用洗发水洗头并进行护发处理。

漂发完成效果。

注意事项

1. 漂粉和双氧乳应该以 1∶2 的正常比例来调配，如果漂粉过多，会造成调配过厚，漂发剂很难抹开涂均匀。如果双氧乳过多，则会过度稀释漂粉，延长褪色时间（产品上注明漂粉和双氧乳有特殊比例的除外）。双氧乳浓度越高，褪色能力就越强，所需要的漂褪时间就越短，因此，在漂发时，需要根据需求调整双氧乳的浓度。

2. 漂粉在和双氧乳调和之后，会逐渐膨胀，肉眼可以很清楚地看到其膨胀后的效果，所以在为顾客涂刷时，应该离开发根远一点，那样就可以有效地利用漂粉的膨胀效果，使漂发效果更自然。

3. 在涂刷漂发剂的过程中，分发片不能太厚。漂发剂的涂刷要均匀，涂刷速度要快。

4. 漂发剂滴落在皮肤上，如果不及时用湿毛巾擦掉，会产生强烈的烧灼感或针刺感，漂发剂滴落在衣物上也很难洗去。因此在操作时，无论是对顾客还是美发师本人都要做好安全保护工作，尽量避免漂发剂滴落到顾客和自己的身上。在为顾客补发根时，应尽量避开碰到顾客的头皮，仅在发根部分涂刷漂发剂，依靠漂发剂本身的膨胀能力使发色一致。

培训单元 3　染 发 操 作

培训重点

了解染发的原理。

了解各种染发操作方式。

能够进行皮肤过敏测试。

能够进行挑染、线染、片染、层染操作。

知识要求

一、染发的原理

当把染膏和双氧乳混合，涂抹到头发上时，染膏穿透头发表皮层并发生化学反应，染膏中的氨（阿摩尼亚）沉积到头发皮质层中发生膨胀，并使头发表皮层的鳞片扩张，然后双氧乳及染膏中所含的人工色素进入皮质层内，在双氧乳的氧分子的氧化作用下，头发的天然色素开始减退，而人工色素留在皮质层内部，改变了头发的颜色。因此，在冲洗过程中最好使用酸性洗发水。因为它能使头发收缩，也能使头发表皮层的鳞片关闭，从而避免人工色素的流失。

二、染发操作方式

1. 挑染

挑染是最基本的双色或多色染发方式。具体做法是：在整个头发上挑出一部分的发束，使用染发剂或漂发剂给这些挑出的发束染色或褪色，并用锡纸包住这些发束。挑染可使头发颜色更加丰富多彩，层次纹理更加明显。

2. 线染

线染是挑染的变化形态，线染的操作方法和挑染类似，但只是在整个发型的表面操作，因此操作比较简单，所用的时间比较短，更能体现效率。

3. 片染

片染是更加简化的挑染操作方式，它不需要再把头发细致地挑出来，只需要挑出比较薄的发片，涂刷染发剂或漂发剂，再用锡纸包住发片即可。所以片染比挑染操作更加简便，效率更高，相对挑染而言，片染表现出的颜色更加明显，更适合喜欢彰显时尚个性的客户群体。

4. 层染

层染是现代区域染（也称为分区染）的原型，采用片染的操作方式，逐层将需要漂、染的头发与其他头发区分开来，间隔式地在同一发片上染上两种或两种以上颜色。层染的特点是多个颜色相互之间融合混搭得比较好，颜色效果较为自然柔和，又能比单纯的全染表现出更多的色彩。

此外还有一种画染，这是现代流行的一种时尚染，结合了挑染、线染、片染、层染的手法特点，颜色表现效果丰富多彩，充满创意，适合时尚个性的客户群体。

三、染发效果与温度、时间的关系

1. 温度

温度分为头皮温度和环境温度。在染发过程中，环境温度越高，染发剂的氧化反应时间就越快，效果就越明显。因此在操作的时候，调整顾客周围的环境温度非常重要。另外顾客的头皮、头顶、额头以及鬓角等部位的皮肤温度会高于头部其他部位，这些区域称为高温区，在染发操作的时候高温区要后刷染发剂，以保证均匀的发色效果。

2. 时间

时间的变化也会影响染发效果。染发是一个氧化的过程，通常情况下，氧化作用在 45 ~ 60 min 内是持续不断进行的，而在 60 min 之后，氧化作用逐渐变缓，但依然可以持续一段时间，只是效果不明显。因此，染发剂的停放时间以 45 ~ 60 min 为标准，过了这个时间，如果发现仍然没有达到预期的染发效果，则需要把染发剂洗掉，再重新涂刷染发剂，以求达到所需的效果。

四、皮肤过敏测试

在每次染发操作前必须进行皮肤过敏测试，这是很重要的步骤。皮试在染发前 24 ~ 48 h 内进行，目的是检测顾客是否对使用的染发产品有过敏反应。方法是：先清洗耳后或手腕处皮肤，然后用棉签蘸取少许调好的染发剂与双氧乳，涂在皮肤上，保留 24 h。检测结果是阴性时才可以进行染发服务；如果皮肤发红、肿胀、起泡或顾客呼吸急促，即为阳性，不能染发，应寻求医生帮助，还应将检测结果登记在顾客的记录卡上备案。

五、加热仪器的使用

在室温偏低或者需要加速染发的情况下，需要给头发加热。现代的加热仪器较为先进，可以调整时间和温度。

1. 加热仪器的操作步骤

（1）将加热仪器搬到顾客座椅后，调整到适当的高度。

（2）为顾客设定合适的时间和温度。

（3）启动加热仪器，为顾客的染发操作加温。

（4）加热结束后，撤掉加热仪器，并冷却一段时间。

（5）进行后续的染发操作或者洗头。

2. 加热仪器的使用安全

（1）定期检查加热仪器是否正常并定期维护。

（2）在使用加热仪器前，要注意顾客的安全措施是否到位。要围好围布，在顾客的肩上垫好垫肩或毛巾，同时在顾客的发际线围上棉花条或毛巾。

（3）在使用仪器加热的时候要有人照看，及时询问顾客温度是否适合，有无不适的感觉。

（4）如果是使用蒸汽加热，先把蒸汽机打开，等蒸汽出来以后再让顾客加热，并且要随时注意有无热水滴落。在加热结束收起仪器的时候也要注意是否有热水滴落。

（5）操作结束后要将仪器擦拭干净，保持仪器的卫生清洁。

技能要求

挑 染 操 作

操作准备

1. 通过观察和触摸的方式，了解顾客的发质和发色，从而决定是使用染发剂还是漂发剂来进行挑染操作。

2. 准备染发仪器。

3. 准备围布、毛巾、披肩、护耳套、锡纸、尖尾梳、夹子、染刷、染发碗、电子秤、计时器、染膏、漂粉、双氧乳。

4. 调配染发剂。

操作步骤

步骤 1 用围布、毛巾、披肩做好准备，用护耳套保护好耳朵。根据发型设计要求，分出挑染区域。

步骤 2 用尖尾梳挑出一层发片，在发片中用尖尾梳的尖端进行选择性挑分。

步骤 3 将要挑染的发束发尾拉紧并捏住。

步骤 4 在挑染发束的下方垫上锡纸并将头发绕在手上。

步骤 5 在挑染的发束上涂刷染发剂。

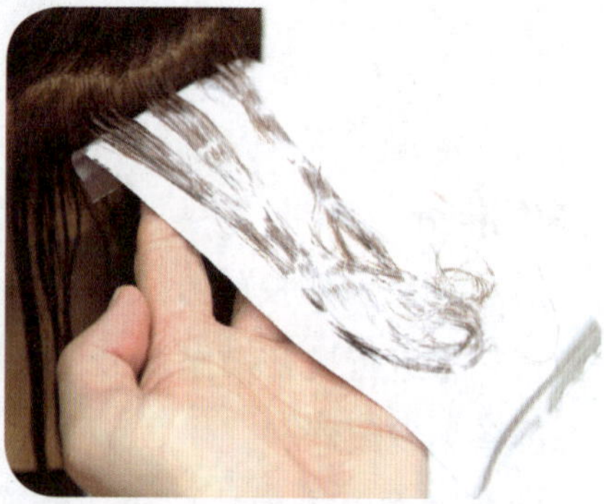

步骤 6 在涂刷的时候一定要刷均匀并将发尾绕放在锡纸上。

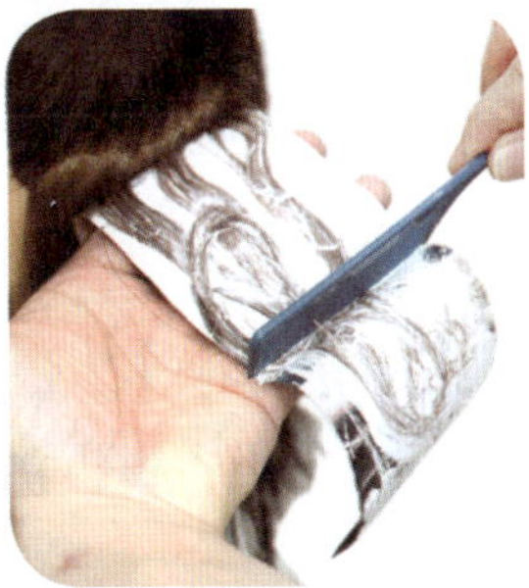

步骤 7 在锡纸的中部用尖尾梳齿压一下，形成一条折痕。

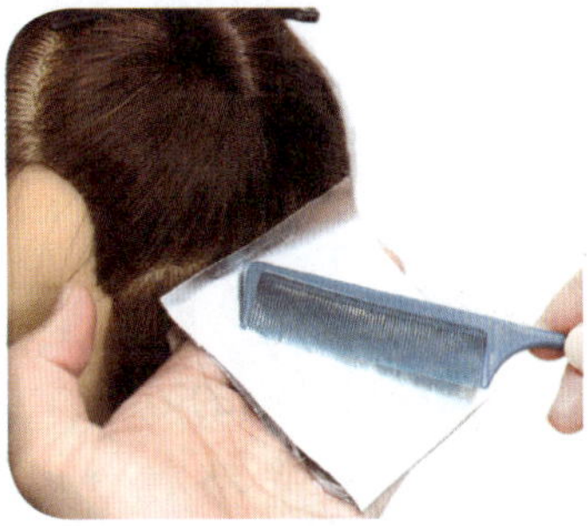

步骤 8 将锡纸按折痕对折并盖住头发，用尖尾梳拍打锡纸，使锡纸里的头发贴紧锡纸。

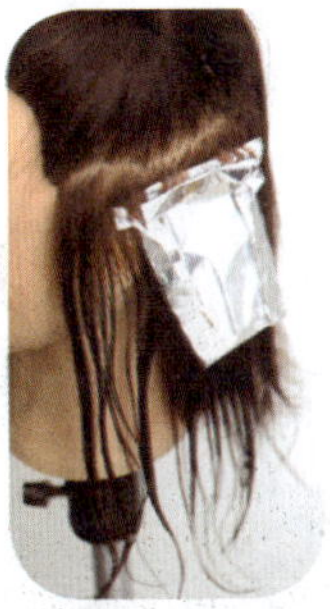

步骤 9 完成操作后将锡纸自然停放。

步骤 10 依次进行其他区域的操作，操作完成后自然停放，停放时间为 15 ~ 20 min。

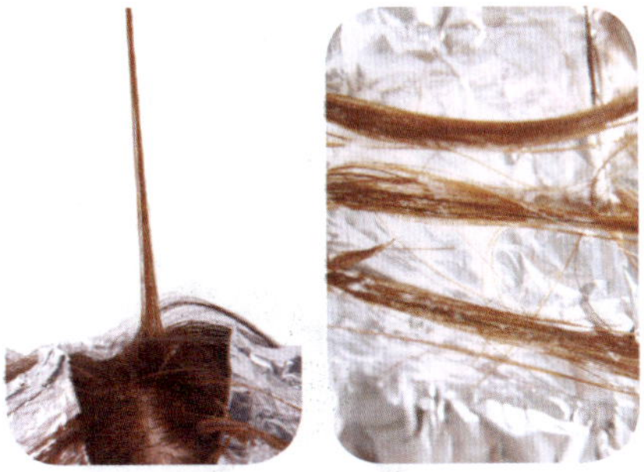

步骤 11 停放时间足够后，对挑染的发束进行效果检查。

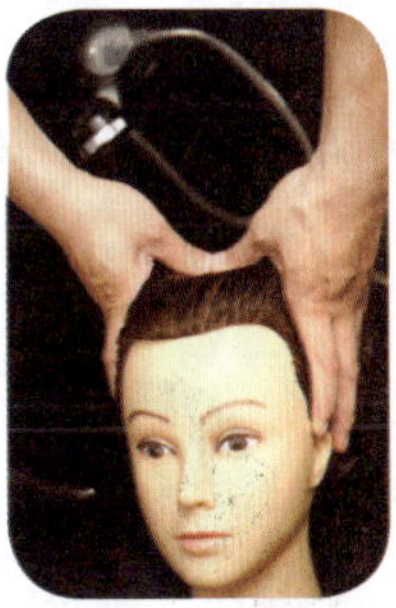

步骤 12 达到效果后卸除锡纸，并进行洗发护发处理。

注意事项

在操作时，要注意挑出的发束要均匀、细致。在发际线周围的挑染要均匀，不要太过密集。在包锡纸的时候要注意要适当包紧，不可以让锡纸滑落但也不能包得过紧，这样会让锡纸内的染发剂无法充分氧化而影响染发效果。

线染操作

操作准备

1. 通过观察和触摸的方式，了解顾客的发质和发色，从而决定是使用染发剂还是漂发剂来进行线染操作。

2. 准备染发仪器。

3. 准备围布、毛巾、披肩、护耳套、锡纸、尖尾梳、夹子、染刷、染发碗、电子秤、计时器、染膏、漂粉、双氧乳。

4. 调配染发剂。

操作步骤

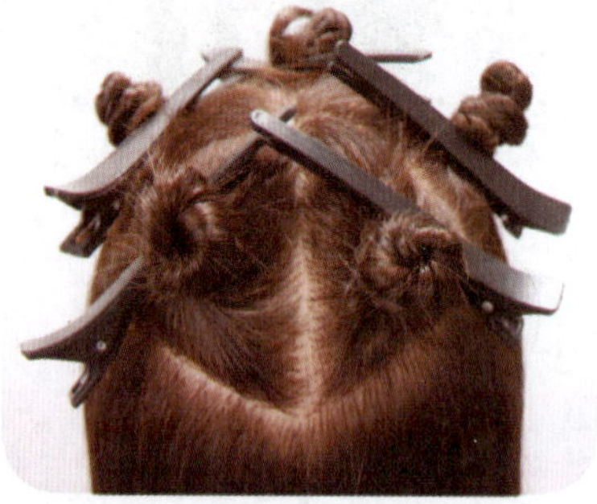

步骤 1　用围布、毛巾、披肩做好准备，用护耳套保护好耳朵。从头顶放射状分出五个三角形发区（刘海、左右前区、左右后区）。

步骤 2　在刘海区域用尖尾梳先挑出第一片头发做线染。

步骤 3　将锡纸垫于挑出的发束下面，所有挑出发束的整体宽度不得宽于锡纸。

步骤 4　在挑出的发束上均匀地涂刷染发剂。如果头发长于锡纸，要将发尾反向折往发中。

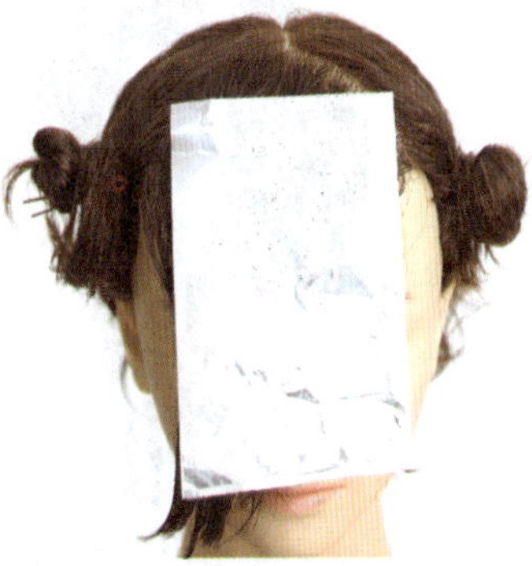

步骤 5 包锡纸（包锡纸的手法可参考挑染）。

步骤 6 锡纸包裹完成后，一定要用尖尾梳拍打锡纸表面，以便头发贴紧锡纸。

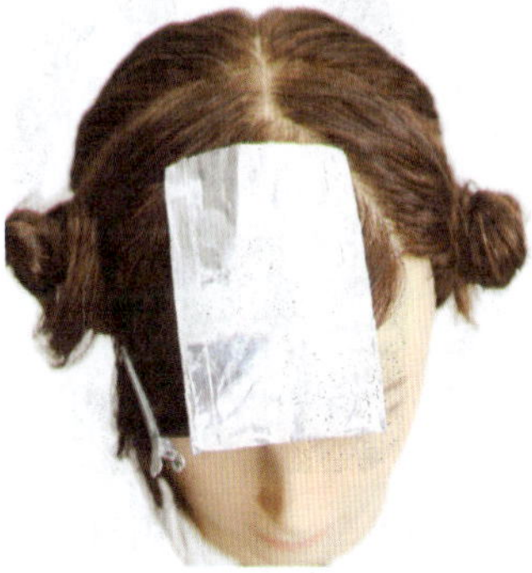

步骤 7 完成第一片头发的线染操作后，自然停放锡纸片。

步骤 8 采用相同的方法分出第二片线染发片。

步骤 9 采用相同的手法操作第二片头发的线染。一个发区的线染操作通常选择两片头发即可。

步骤 10 采用相同的手法，完成左侧前发区第一片头发的线染操作。

步骤 11 完成左侧前发区第二片头发的线染操作。

步骤 12 采用相同的手法，完成右侧前发区第一片和第二片头发的线染操作。

步骤 13 采用相同的手法，完成左侧后发区第一片和第二片头发的线染操作。

步骤 14 采用相同的手法，完成右侧后发区第一片和第二片头发的线染操作。

步骤 15 完成全部线染操作后，停放 20 ~ 30 min。如加热，可酌情减少停放时间。停放时间足够后，打开最靠近头顶的一片锡纸，挑出一束发束，对着光进行效果检查。

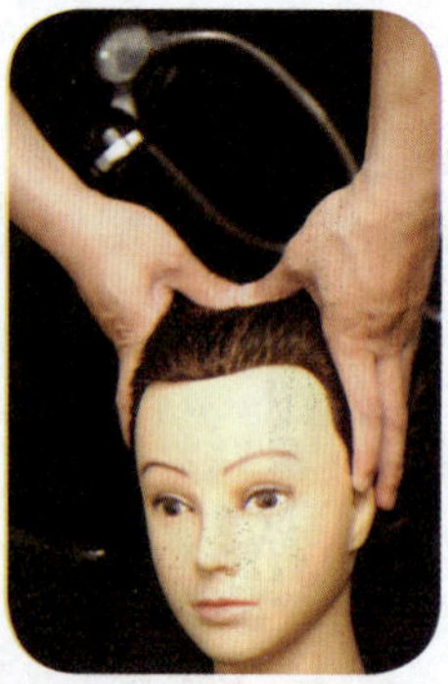

步骤 16 达到效果后卸除锡纸，并进行洗发护发处理。

线染完成效果

片染操作

操作准备

1. 通过观察和触摸的方式，了解顾客的发质和发色，从而决定是使用染发剂还是漂发剂来进行片染操作。

2. 准备染发仪器。

3. 准备围布、毛巾、披肩、护耳套、锡纸、尖尾梳、夹子、染刷、染发碗、电子秤、计时器、染膏、漂粉、双氧乳。

4. 调配染发剂。

操作步骤

步骤 1 用围布、毛巾、披肩做好准备，用护耳套保护好耳朵。根据片染要求进行十字分区。

步骤 2 从后发际线部由下至上分出 6 ~ 8 cm 发区。

步骤 3 从右侧顶点斜 45° 分出第一片发片，发片的厚度一般为 0.2 ~ 0.4 cm。

步骤 4 在挑出的发片下方垫上锡纸。

步骤 5 均匀地将染发剂涂刷在挑出的发片上。如果头发长于锡纸，要将发尾反向折往发中。

步骤 6 涂刷好发片后，在上面再盖一张锡纸。

步骤 7 用尖尾梳拍打锡纸，使头发更加贴紧锡纸。

步骤 8 将锡纸的左右封口折紧，以防锡纸滑落以及其他头发沾到染发剂。

步骤 9 在距离第一片发片 4～6 cm 的位置分出下一片发片，完成涂刷染发剂的步骤。

步骤 10 采用同样的方法完成该区域所有发片的片染操作。

步骤 11 以底部发区的宽度为标准，分出第二层片染发区。

步骤 12 在第一发区开始分发片的对立顶点（左侧顶点）反向斜 45°分出第一片发片，进行片染操作。

步骤 13 以相同的涂刷方法完成第二发区的片染操作。

步骤 14 继续往上分出第三层片染发区，并与左右侧相连。

步骤 15 以同样的涂刷方法完成第三发区的第一片发片片染操作。

步骤 16 完成第三发区的片染操作。

步骤 17 分出第四层片染发区进行操作。

步骤 18 完成第四发区的片染操作。

步骤 19 将头顶剩余头发挑起，以一个区斜分（左右均可）完成第一片片染。

步骤 20 采用同样的方法完成顶部区域头发的片染。

步骤 21 完成全部片染操作后，停放 20 ~ 30 min。如加热，可酌情减少停放时间。

步骤 22 停放时间足够后，打开最靠近头顶的一片锡纸，挑出一束发束，对着光进行效果检查。

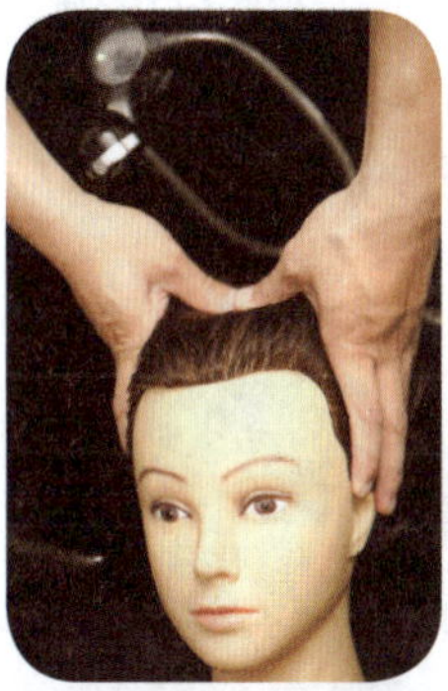

步骤 23 达到效果后卸除锡纸，并进行洗发护发处理。

片染完成效果

注意事项

在操作时，要注意分出的发片不可以过厚，以免涂刷不均匀。注意片染的排列以及包锡纸的手势。

层 染 操 作

操作准备

1. 通过观察和触摸的方式，了解顾客的发质和发色，从而决定是使用染发剂还是漂发剂来进行层染操作。

2. 准备染发仪器。

3. 准备围布、毛巾、披肩、护耳套、锡纸、尖尾梳、夹子、染刷、染发碗、电子秤、计时器、染膏、漂粉、双氧乳。

4. 调配染发剂。

操作步骤

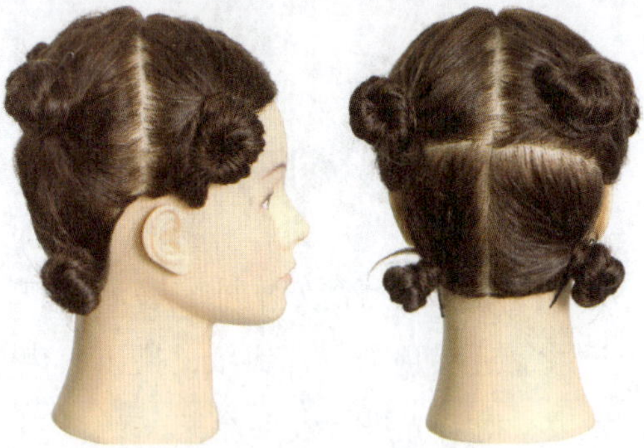

步骤 1 用围布、毛巾、披肩做好准备，用护耳套保护好耳朵。根据层染的要求，将头发进行区域划分。

步骤 2 取出左后侧发际线处的第一发片。

步骤 3 垫上准备好的锡纸。

步骤 4 发片的宽度不得宽于锡纸宽度，锡纸的前端要贴紧发根处。

步骤 5 在分出的发片上间隔涂刷两种或两种以上颜色的染发剂。

步骤 6 包锡纸，包锡纸的要求与挑染相同。

步骤 7 用尖尾梳拍打锡纸，使头发更加贴近锡纸。

步骤 8 完成后锡纸自然停放。

步骤 9 以同样方法进行右侧的层染操作。

步骤 10 以同样的方法逐层完成其他发区的操作。

步骤 11 完成刘海区域层染操作。

步骤 12 完成全部层染操作后，停放 20 ~ 30 min。如加热，可酌情减少停放时间。

步骤13 停放时间足够后，打开一片锡纸，挑出一束发束，对着光进行效果检查。

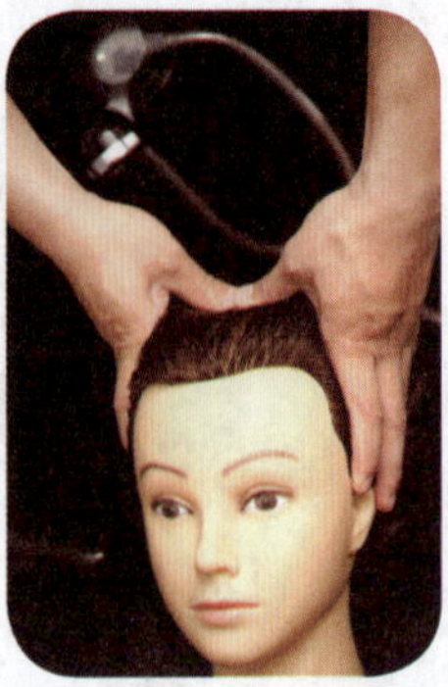

步骤14 达到效果后拆除锡纸，并进行洗发护发处理。

层染完成效果

培训项目 3 漂发、染发护理

培训重点

了解漂、染发前后的头发护理知识。

熟悉各类护理用品。

能够根据发质受损状况进行漂、染发前后的头发护理操作。

知识要求

一、漂、染后受损发质分析

频繁漂、染发会对头发产生刺激，头发的鳞状表层受损张开，头发发质会受到一定的影响，造成头发干枯、开叉、无光泽甚至断裂。通过观察头发的光泽，以及触摸头发，检查头发的弹性，可以确定头发的受损程度。漂、染发后如不注意护理和保养，也会对头发产生影响，有时头发的色调会改变。所以漂、染发后头发的护理和保养是很有必要的，操作时可根据头发的受损程度合理选择护理用品与护理方法。

二、漂、染发前后的头发护理

通常在头发受损的情况下都需要做漂、染发前的头发护理，之后再进行漂、染发。在漂、染发操作结束后，还要进行头发护理，这样可以确保顾客的发质受损不会太严重。

漂、染发后护理的注意事项如下：

1. 顾客漂、染发后冲水清洗头发时，要用酸性洗发水。因为酸性洗发水有收缩头发鳞状表层的功能。用酸性洗发水可以防止色素流失，减少色差。

2. 刚漂、染好的头发尽量避免在阳光下长时间暴晒，尽量不要在海水中游泳。太阳中的紫外线和海水中的碱性物质都会改变头发的色调。

3. 漂、染发后不应该再去烫发，如果要烫发的话应先烫后染。

4. 漂、染发后要定期去做头发护理，选用的护理用品应以中性和酸性为主。如果选用碱性护理用品，会对头发的颜色产生影响。

三、护理用品的选择

在漂、染发操作前后，应根据顾客的发质来决定进行哪一类的护理，并且选用相对应的护理用品。漂、染护理用品可分为涂刷型护理用品，喷剂型护理用品以及染后洗护系列用品三类。

1. 涂刷型护理用品

涂刷型护理用品是最为普遍的护理用品，可以用在漂、染发操作前，也可以用在漂、染发操作之后，起到修护和保护发质，加固头发，使颜色更加持久的作用。

2. 喷剂型护理用品

喷剂型护理用品多数用在漂、染发操作之后，这是一种强效的护理剂，能很好地收缩头发的鳞状表层，把色素分子更好地锁闭在头发内部，维持更久的发色效果，而且不需要加热，操作时间较短。

3. 染后洗护系列用品

染后洗护系列用品是针对染后的头发锁色能力减弱而开发出来的洗护产品，性质温和，能在清洗头发的同时，减少头发色素流失，更久地保持头发发色。

四、加热仪器的使用

在进行漂、染发前后头发护理时，可以通过加热头发来提高护理效果。加热仪器的操作步骤和使用安全要求与染发相同。

技能要求

漂、染发前的头发护理操作

操作准备

1. 为顾客选取漂、染发前的护理用品。

2. 将加热仪器调到合适的温度与时间，可先进行预热准备以节省时间。

3. 准备毛巾、围布、护耳套、木梳、夹子、保鲜膜。

操作步骤

步骤 1　用毛巾、围布、护耳套做好保护。根据设计要求，头顶部十字分区，枕骨以下中分成左右两个区。

步骤 2　在后发际线的左侧底部挑出一片发片，发片不宜挑得太厚。

步骤 3　用手直接取出适量的护理用品。

步骤 4　将护理用品直接涂抹在头发上。

步骤 5 用食指和中指夹住头发上下来回滑动，滑动的时候与头皮保持一定的距离。

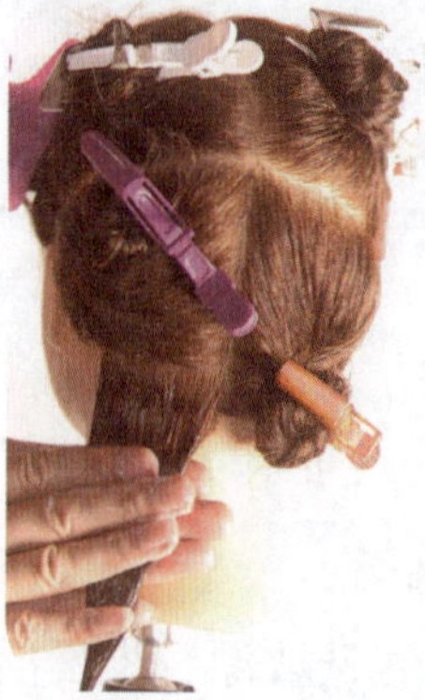

步骤 6 用左手和右手的指尖揉搓头发，对头发进行按摩，将护理用品揉搓进头发鳞状表层的空隙。

步骤 7 自然停放涂抹完成后的发片。

步骤 8 取出上一层的第二片发片。

步骤 9 取出适量的护理用品，按第一片发片的护理方法进行操作。

步骤 10 依此类推，完成左后区的护理操作。

步骤 11　完成左后区的操作以后，开始操作右后区。在后发际线的右侧底部分出发片并取适量的护理用品。

步骤 12　将护理用品均匀地涂抹在发片上。

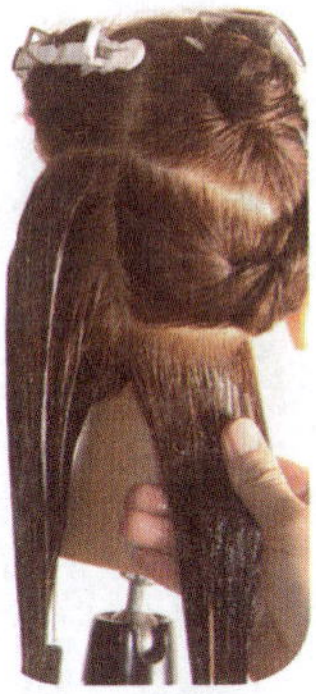

步骤 13　涂抹护理用品后，用拇指和食指中指捏住头发并进行揉捏，通过揉捏促使护理用品渗透到头发鳞状表层空隙中。

步骤 14　完成发片护理操作后自然停放。

步骤 15　取出上一层的第二片发片继续进行护理操作。

步骤 16　完成右后区的护理操作。

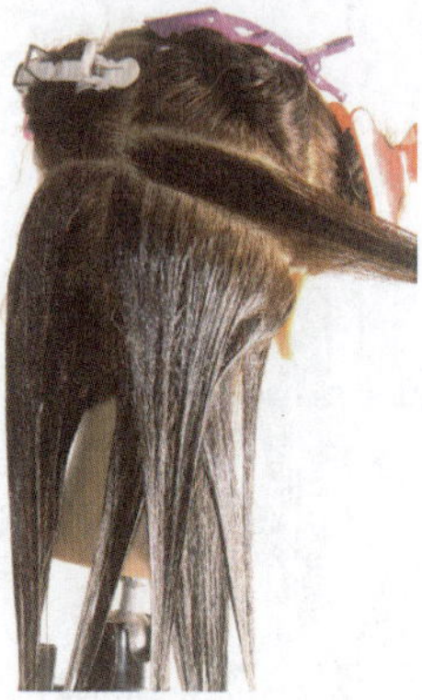

步骤 17　进行右侧上一区域的护理操作，操作方法与右后区的操作相同。

步骤 18　完成右侧上一区域的护理操作后，与右后区一样，自然停放各层发片。

步骤 19　对左侧上一区域进行护理操作，操作方法与左后区相同。

步骤 20　完成该区域的护理操作后，自然停放各层发片。

步骤 21　后部区域护理操作完成后，进行左侧鬓角区的护理操作。

步骤 22　取适量的护发用品。涂在左侧鬓角区的第一层发片上。

步骤 23 用食指和中指将夹住发片进行上下滑动，促使护理用品能均匀渗透到鳞状表层的空隙中。

步骤 24 完成第一层发片护理操作后，以同样的方法进行上一层发片的操作。

步骤 25 左侧鬓角区护理操作完成后自然停放各层发片。

步骤 26 右侧鬓角区的护理操作和左侧鬓角区操作方法相同。

步骤 27 取适量的护理用品，按前述方法对刘海区的头发进行护理操作。

步骤 28 刘海区护理操作完成后自然停放各层发片。

步骤 29　完成整个发区的护理操作后，将发尾集中于头顶部并用发夹固定，保持发片之间通透感，便于护理用品渗透。

步骤 30　用准备好的保鲜膜包裹头发。

步骤 31　完成保鲜膜包裹后，检查并确保耳朵露出、视线不被遮住、发际线头发全部被包裹。

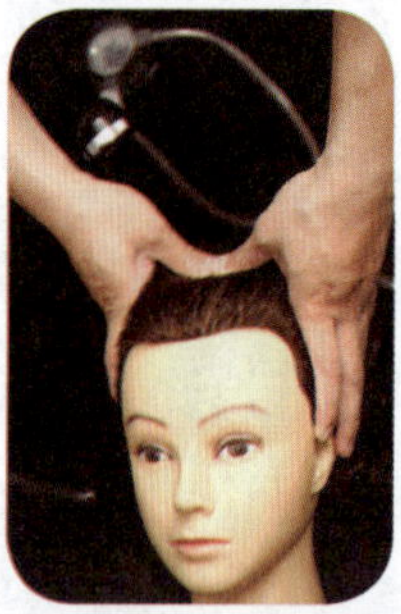

步骤 32　等待一定时间后，拆去保鲜膜，冲水乳化并冲干净护理用品。

注意事项

漂、染发后的头发护理操作可参照漂、染发前的头发护理操作，但要注意产品的选择。

思考题

1. 头发颜色的差异变化有哪些？
2. 漂发的注意事项有哪些？
3. 请简述四种染发操作方式及其特点。
4. 请简述漂、染护理用品的种类和效用。
5. 请简述皮肤过敏测试的重要性。